Uwe Westphal

Mehr Platz für den Spatz!

Uwe Westphal

Mehr Platz für den Spatz!

Spatzen erleben, verstehen, schützen

Illustrationen von Christopher Schmidt

Inhalt

Wo sind all die Spatzen geblieben? 8

Die liebe Verwandtschaft 11

Spatz ist nicht gleich Spatz 13

Von der Steppe in die Stadt 16

Weltbürger Spatz 20

Von wegen Spatzenhirn! 24

Der Spatz lebt nicht vom Brot allein 28

Reinliche Dreckspatzen 36

Die Spatzen pfeifen's von den Dächern 40

Drum prüfe, wer sich ewig bindet 46

Spatzens Kinderstube 56

Aufopferungsvolle Spatzeneltern 62

Der Nachwuchs wird flügge 70

Haussperling und Weidensperling – eine Superspezies 78

Entfernte Verwandte – Schneesperling und Steinsperling 83

Gefiederte Nachbarn der Spatzen 88

Spatz und Mensch – eine zwiespältige Beziehung 94

Spatzen in Not 104

Wir helfen den Spatzen! ... 114
Brutplätze an Gebäuden erhalten ... 115
Künstliche Nisthilfen anbieten ... 121
Wände und Mauern begrünen ... 130
Hecken und Gebüsche pflanzen ... 138
Gärten spatzenfreundlich gestalten ... 147
Zusätzliches Futter anbieten ... 156
Was man sonst noch für Spatzen tun kann ... 160

Mehr Platz für den Spatz! ... 166

Bauanleitungen ... 172
Nisthöhle für Feldsperlinge (auch Haussperlinge) und andere Höhlenbrüter ... 173
Halbhöhle für Haussperlinge und andere Halbhöhlenbrüter ... 175
Spatzenreihenhaus oder Spatzenhotel ... 177

Der Autor ... 180

Der Maler ... 181

Anhang ... 182
Literatur ... 182
Hilfreiche Adressen ... 185
Ausgewählte Bezugsquellen für Nisthilfen, Futterhäuser, Vogelfutter ... 186

Die drei Spatzen

In einem leeren Haselstrauch,
da sitzen drei Spatzen, Bauch an Bauch.
Der Erich rechts und links der Franz
und mittendrin der freche Hans.
Sie haben die Augen zu, ganz zu,
und obendrüber, da schneit es, hu!
Sie rücken zusammen dicht an dicht,
so warm wie der Hans hat's niemand nicht.
Sie hör'n alle drei ihrer Herzlein Gepoch.
Und wenn sie nicht weg sind, so sitzen sie noch.

Christian Morgenstern

Wo sind all die Spatzen geblieben?

Spatzen begleiten mich schon mein Leben lang: Auf dem Bauernhof meiner Großeltern machten Scharen von Haussperlingen den frei laufenden Hühnern das hingeworfene Futter streitig, unter dem Dach meines Elternhauses brüteten Feldsperlinge, und auch heute noch wache ich morgens mit dem munteren Getschilpe der Spatzen auf, die in Hecken und auf Dächern lärmen. Sie waren einfach immer da, und weil sie so allgegenwärtig waren, ging es mir so wie vielen Vogelkundlern: Sie waren so gewöhnlich, dass ich mich lange Zeit nicht sonderlich mit ihnen und ihrem zweifellos interessanten Leben beschäftigte. Spatzen waren weder besonders auffällig gefärbt noch selten noch hatten sie einen schönen Gesang – Goldammer, Blaukehlchen, Nachtigall und erst recht Kranich oder Seeadler waren für mich und andere Vogelfreunde daher viel spannender.

So blieb erstaunlich lange Zeit unbemerkt, dass der Bestand der Spatzen stetig zurückging, ganz besonders in vielen Städten, wo bald kaum mehr ein Spatz die Kuchenkrümel von den Cafétischen stibitzte. Und als Vogelforscher schließlich die Ursachen des Niederganges der Spatzenpopulation ergründen wollten, mussten sie erstaunt feststellen, dass sie über diese einstigen Allerweltsvögel viel weniger wussten als über Adler, Storch oder Uhu, die früh im Fokus von Schutzbemühungen standen. Wenngleich der Haussperling wie auch der Feldsperling immer noch zu den häufigsten Vogelarten Deutschlands gehören, so mussten sie wegen gravierender Bestandsrückgänge innerhalb kurzer Zeit in die berühmt-berüchtigte »Rote Liste« der bedrohten Vogelarten aufgenommen werden und stehen dort in der sogenannten »Vorwarnliste«. Das Beispiel anderer einst sehr häufiger Vogelarten wie Feldlerche, Kiebitz oder Rebhuhn zeigt uns, wie schnell eine Art aus der Vorwarnliste in eine der drei Gefährdungskategorien rutschen kann. Eine noch bis ins 20. Jahrhundert vor allem im Süden und Osten Deutschlands verbreitete weitere Spatzenart, der Steinsperling, ist bei uns mittlerweile sogar ausgestorben. Noch vor wenigen Jahrzehnten als Ernteschädling massenhaft vernichtet, hat sich der den meisten Menschen vertraute Spatz zum Sorgenkind des Naturschutzes entwickelt. 2002 wählten der Naturschutzbund Deutschland (NABU) und der Landesbund für Vogelschutz in Bayern (LBV) den Haussperling daher zum »Vogel des Jahres«, um auf die prekäre Situation der einst so gewöhnlichen Vögel aufmerksam zu machen.

Grund genug also, sich in vorliegendem Buch dem interessanten Leben und Treiben der Spatzensippe einmal intensiv zu widmen und aufzuzeigen, wie man den geselligen Vögeln helfen kann. Der Schwerpunkt liegt dabei auf den bei uns häufigsten Arten Haussperling und Feldsperling, die vergleichend betrachtet werden, doch stellt das Buch mit dem Schneesperling, der auch in den deutschen Alpen als Brutvogel vorkommt, dem Weidensperling und dem bei uns ausgestorbenen Steinsperling auch die übrigen europäischen Sperlingsarten vor.

Ähnlich und doch unterschiedlich: die europäischen Spatzenarten auf einen Blick

Die liebe Verwandtschaft

Die Sperlinge bilden innerhalb der artenreichen Klasse der Vögel eine eigene Familie, die *Passeridae*. Mit gerade einmal fünf Vertretern ist die Zahl ihrer Arten in Europa überschaubar. Manche Forscher rechnen noch den Italiensperling (siehe Seite 81) als eigenständige Art dazu, eine Ansicht, die in der Fachwelt umstritten ist – wie überhaupt die Systematik der Vögel insgesamt durch moderne molekulargenetische Untersuchungsmethoden in den letzten Jahrzehnten revolutioniert wurde und nach wie vor Gegenstand intensiver wissenschaftlicher Forschung und Interpretation ist.

Weltweit haben Spatz und Co. eine große Verwandtschaft: Knapp 50 Arten in elf Gattungen sind vor allem in Afrika und Asien verbreitet. Allein die Gattung *Passer,* zu der auch unsere Haus- und Feldsperlinge zählen, umfasst 23 Arten. Ihre Verwandtschaftsverhältnisse bereiteten Vogelkundlern lange Kopfzerbrechen: Zunächst hatte man die Sperlinge aufgrund äußerer Merkmale, wie zum Beispiel einem kräftigen Körnerfresser-Schnabel, zu den Finken *(Fringillidae)* gerechnet, später als Unterfamilie der ganz überwiegend in Afrika südlich der Sahara beheimateten Webervögel *(Ploceidae)* angesehen, vor allem aufgrund von Ähnlichkeiten hinsichtlich Nestbau und Sozialverhalten sowie bestimmter anatomischer Übereinstimmungen. In der Tat ist die jetzt eigenständige Familie der Sperlinge mit den Webervögeln nahe verwandt – steht nach neueren Erkenntnissen aber auch den insektenfressenden Familien der Stelzen und Pieper *(Motacillidae)* sowie der Braunellen *(Prunellidae)* nahe. Damit zählen zum Beispiel die lebhafte, schwarz-weiß gefärbte Bachstelze und die unscheinbare Heckenbraunelle, eine häufige Bewohnerin von Gärten und Parks mit eilig quietschendem Gesang, zur weitläufigen Verwandtschaft unserer Spatzen.

Gemeinsam mit zahlreichen weiteren Vogelfamilien bilden die Sperlinge innerhalb der Systematik der Vögel die große Gruppe (Unterordnung) der Singvögel *(Passeri* oder *Passeres)*. Dazu rechnet man in Europa etwa Lerchen und Schwalben, Meisen und Kleiber, Grasmücken, Laubsänger und Rohrsänger, Finken und Ammern und selbst Krähen, Raben und Verwandte. Mit insgesamt rund 4000 Spezies stellen die Singvögel die größte Gruppe der gut 10 000 bekannten Vogelarten der Welt. Was sie eint, ist der Besitz eines komplex gebauten, paarigen Stimmapparates, der Syrinx. Dennoch haben trotz ihres Namens nicht alle Singvögel einen wohlklingenden Gesang. Das raue Krächzen einer Krähe und das Getschilpe der Spatzen mag für uns Menschen misstönend klingen, aber für unsere Ohren sind sie auch nicht bestimmt. Nach menschlichen Maßstäben

»schöner« Gesang ist zwar vielen Singvögeln zu eigen, aber nicht exklusiv. Denn auch viele Arten, die in der zoologischen Systematik nicht zu den Singvögeln gehören, wie etwa Vertreter der Schnepfenvögel, bezirzen zur Balzzeit ihre Weibchen mit sehr melodischen Gesängen – die für männliche Konkurrenten allerdings als Kampfansage zu verstehen sind: »Das ist mein Revier!«

Die Spatzen der Gattung *Passer* gaben sogar der Obergruppe, zu der neben anderen auch die Singvögel gehören, ihren Namen: der Ordnung der *Passeriformes* oder Sperlingsvögel, zu der weltweit etwa die Hälfte aller Vogelarten zählen.

Der Feldsperling ist durch schwarze Ohrdecken, weißes Nackenband und braunen statt grauen Scheitel leicht vom männlichen Haussperling (rechts) zu unterscheiden.

Spatz ist nicht gleich Spatz

»Es ist kaum nöthig hier über diesen allbekannten Vogel zu sagen, daß er nur von ganz unkundigen und gemeinen Leuten noch hier und da mit dem Haussperling verwechselt wird, was dem, wer nur einmal sich die Mühe gab, einen Vergleich, wenn auch nur einen flüchtigen, anzustellen, gar nicht einfallen kann.«

Was der Altmeister der Ornithologie, Johann Andreas Naumann, in seiner 1824 herausgegebenen »Naturgeschichte der Vögel Deutschlands« einleitend über den Feldsperling schreibt (zit. n. Deckert 1973), wird heutzutage kaum mehr zutreffen: Vielen Menschen dürfte gar nicht bewusst sein, dass es zwei häufige und weitverbreitete Sperlingsarten bei uns gibt, den **Haussperling** *(Passer domesticus)* und den **Feldsperling** *(Passer montanus)*, geschweige denn, dass sie beide anhand ihrer Gefiedermerkmale auseinanderhalten könnten. Hinzu

Der typische schwarze Kehllatz der Spatzenmännchen, Ausweis von Vitalität und Dominanz, wird nach der Mauser zunächst von hellen Federrändern verdeckt. Erst im Frühjahr wird er durch Abnutzung der Federn sichtbar.

Wie der Spatz zu seinem Namen kam

Der Name »Sperling« ist abgeleitet vom althochdeutschen Begriff »sparo«, der sich noch heute in der englischen Bezeichnung »sparrow« findet. Im Mittelhochdeutschen gingen daraus unter anderem die Begriffe »sperwe«, »sperlinc« und »spaz« hervor. Der Ursprung all dieser Namen liegt sehr wahrscheinlich im indogermanischen Wort »sper« für »zappeln« oder »Zappler« und dürfte somit auf das lebhafte, unruhige Verhalten dieser Vögel Bezug nehmen. Umgangssprachlich wird der Name »Spatz« vor allem als Synonym für den Haussperling gebraucht, im Folgenden jedoch auch für den Feldsperling verwendet, insbesondere wenn beide Arten gemeint sind.

kommt, dass sich beim Haussperling die Geschlechter hinsichtlich ihrer Gefiederfärbung deutlich unterscheiden – so sehr, dass Unkundige sie leicht für verschiedene Arten halten könnten. Während Frau Spatz sich in ein schlichtes, graubraunbeiges Gewand mit fein schwarzbräunlich gezeichneter Flügeloberseite kleidet, ist das Männchen recht bunt gefärbt: Kennzeichnend sind ein mehr oder weniger stark ausgedehnter schwarzer Latz, ein bleigrauer Scheitel, weißliche Kopfseiten und ein braunes Band, das sich von den Augen bis in den Nacken zieht. Auch die mit dunklen, warm braunen und beigebraunen Farbtönen gemusterte Oberseite ist recht ansprechend gefärbt und steht im Kontrast zur hellgrauen Unterseite. Damit ist der Haussperlings-Mann ein wesentlich bunterer Vogel als so manch anderer Vertreter der heimischen Vogelwelt, etwa die Nachtigall oder die Gartengrasmücke, die dafür mit schönerem Gesang als er punkten. Nach der Mauser, bei der zwischen August und Oktober das komplette Gefieder erneuert wird, wirkt das Haussperlings-Männchen wesentlich schlichter: Der schwarze Latz sowie die grauen und braunen Partien am Kopf sind dann durch beigefarbene Ränder der neuen Federn teilweise verdeckt. Durch Abnutzung der Federränder kommt im Laufe der nächsten Monate die Farbenpracht allmählich wieder zum Vorschein.

Der im Vergleich mit dem Haussperling etwas kleinere und temperamentvollere Feldsperling ist gekennzeichnet durch einen braunen Oberkopf und Nacken sowie auffallende schwarze »Ohrflecken« auf weißen Wangen, die durch ein schmales, helles Nackenband verbunden sind. Im Gegensatz zu seinem größeren Vetter sind beim Feldsperling beide Geschlechter gleich gefärbt. Die Frage, warum es bei der einen Art einen so deutlichen Geschlechterunterschied gibt und bei der anderen nicht, ist bis heute nicht befriedigend geklärt.

Nur auf den ersten Blick einem Spatzenweibchen ähnlich: die Heckenbraunelle

Bei oberflächlicher Betrachtung könnte man die Spatzen am ehesten mit der weitläufig verwandten (siehe Seite 11) Heckenbraunelle verwechseln, die im Englischen neben der offiziellen Artbezeichnung »dunnock« auch den umgangssprachlichen Namen »hedge sparrow«, also Heckensperling, trägt. Von den Spatzen unterscheidet sie sich durch eine blaugraue Färbung von Kopf und Brust und rötliche Augen, vor allem aber durch die Schnabelform, die auf andere Ernährungsgewohnheiten hinweist: schlank und spitz bei der Heckenbraunelle, wie es für Insektenfresser typisch ist, gedrungen und kräftig bei den Spatzen, die sich überwiegend von Körnern und Sämereien ernähren.

Von der Steppe in die Stadt

Spatzen sind ausgesprochene Kulturfolger, die die Nähe des Menschen suchen. Sie sind typische Bewohner von Dörfern und Städten. Vor allem der Haussperling trägt seinen deutschen Namen wie auch seine wissenschaftliche Bezeichnung *Passer domesticus* (lat. »der zum Haus gehörige Spatz«) völlig zu Recht: Wo immer Menschen siedeln, ist er zur Stelle und nistet sich als Untermieter an Häusern, Scheunen und Ställen ein.

Man findet ihn in bäuerlich geprägten Dörfern mit Viehhaltung und frei laufenden Hühnern genauso wie inmitten von Großstädten mit einem hohen Anteil an Altbauten, selbst an unwirtlich scheinenden Orten wie ausgedehnten Industriegebieten, in Fabrikhallen oder auf Flughäfen. Es kommt vor, dass er sogar innerhalb klimatisierter Gebäude Quartier bezieht, um dort die ungemütlichen Wintermonate zu überstehen. Selbst untertage kann man den extrem anpassungsfähigen Haussperlingen begegnen: In U-Bahnhöfen finden sie Zuflucht vor schlechtem Wetter und lauern auf Nahrungsreste der Menschen. In England überlebten Spatzen jahrelang ohne Tageslicht in Kohlebergwerken in einer Tiefe von bis zu 640 Metern. Es kam dort auch zu Bruten mit flüggen Jungen, die allerdings nicht überlebten. Voraussetzung ist in allen Fällen ein ausreichendes Nahrungsangebot, wobei dies oft genug die sprichwörtlichen Brosamen sind, die der Mensch absichtlich oder unabsichtlich für die Vögel übrig lässt.

Haussperlinge folgen dem Menschen überall dort hin, wo bislang unverbaute Landschaften für Siedlungen oder Tourismus erschlossen werden, sogar ins Hochgebirge, wo sie sich an Seilbahnstationen oder auf Bergbauernhöfen herumtreiben. Werden solche Außenposten vom Menschen verlassen, verschwinden auch die Spatzen. Besonders eindrucksvoll konnte man dies auf Deutschlands einziger Hochseeinsel Helgoland beobachten: Nach der massiven Bombardierung Helgolands durch die britische Luftwaffe kurz vor Ende des Zweiten Weltkrieges wurde die Bevölkerung evakuiert, daraufhin erlosch auch die Spatzenpopulation sofort. Erst 1952, nachdem die Briten die Insel an Deutschland zurückgegeben hatten, konnten die Menschen zurückkehren – und in ihrem Gefolge die Spatzen. Kein anderer Vogel hat sich so sehr dem Menschen angeschlossen wie der Haussperling – ausgenommen die Stadttaube oder Straßentaube.

Der Feldsperling kommt zwar ebenfalls häufig im Siedlungsbereich vor, doch ist er auf den Menschen weniger angewiesen als der Haussperling und verhält sich eher wie ein »normaler« Wildvogel. Die Dichte der Bebauung entscheidet darüber, welche der beiden Spatzenarten in unserer Nachbarschaft lebt: In eng bebauten Siedlungen und im Innenstadtbereich dominiert eindeutig der Haussperling. Der Feldsperling ist dagegen bei uns meistens in Gegenden mit lockerer Bebauung anzutreffen, in der sogenannten Gartenstadt mit Einfamilienhäusern und großen Gärten und ganz besonders in Kleingartenanlagen mit Hecken, Obstbäumen und Gemüsebeeten. Er brütet aber auch entfernt von Siedlungen in Feldgehölzen oder an sonnigen Waldrändern in Baumhöhlen, künstlichen Nistkästen und gern auch als Untermieter in besetzten Horsten von Bussarden und anderen Greifvögeln. Er profitiert dabei vom Schutz, den die Anwesenheit der wehrhaften Greife bietet, während er selbst von ihnen nichts zu befürchten hat. Sehr beliebt sind auch Storchenhorste, die in Dörfern gern auf Dächern oder speziell errichteten Masten gebaut werden und im Laufe der Zeit zu umfangreichen, zentnerschweren Gebilden anwachsen: Diese beherbergen oft ganze Kolonien beider Spatzenarten.

Am Rande von Dörfern kommen Haussperlinge und Feldsperlinge etwa gleich häufig vor. Auch in der Stadt kann man nicht selten beiden Arten in enger Nachbarschaft, aber doch kleinräumig getrennt, begegnen: Bei Bestandsaufnahmen der Brutvogelwelt in Hamburg habe ich öfter erlebt, dass auf der einen Straßenseite, die mit mehrgeschossigen »Mietskasernen« eng bebaut war, nur Haussperlinge tschilpten, während auf der gegenüberliegenden Seite mit alten Einzelhäusern und mehr Grün ausschließlich Feldsperlinge lebten. Anderenorts wurden auch schon Feldsperlingsbruten in unmittelbarer Nachbarschaft zu Haussperlingsnestern gefunden, ebenso einzelne Haussperlinge in Feldsperlingskolonien. In Regionen, in denen Haussperlinge fehlen, etwa in weiten Teilen Ostasiens, nimmt der Feldsperling die ökologische Nische des Haussperlings ein und besiedelt dort auch die dicht bebauten Stadtbereiche, wo er an Häusern brütet – ganz so, wie bei uns der Haussperling. Von Kleinasien an und weiter östlich tendiert der Feldsperling zu Gebäudebruten. Doch auch in Mitteleuropa kommt dies regelmäßig vor, nämlich in Gegenden mit verstreut liegenden Häusern, eingebettet in viel Grün und mit lockerem Baumbestand umgeben, wo es dem Haussperling nicht gefällt. Ich kann mich erinnern, dass in meiner Kindheit Feldsperlinge unter dem Dach meines Elternhauses inmitten einer solchen Villensiedlung brüteten und nach dem Staubbad im Gemüsebeet in der dichten Hainbuchenhecke an der Grenze zum Nachbargrundstück lärmten. Noch heute besuchen sie dort regelmäßig die winterliche Futterstelle vor dem Küchenfenster. Haussperlinge hingegen konnte ich dort niemals beobachten.

Das zeigt, dass die Bevorzugung unterschiedlicher Lebensräume und Neststandorte, wie sie in Mitteleuropa zu beobachten ist, durch Konkurrenz zwischen beiden Arten bedingt ist: Der kräftigere Haussperling verdrängt den kleineren Verwandten in die offeneren, weniger dicht bebauten Bereiche. Dem Feldsperling scheint das allerdings nicht viel auszumachen. Er kann problemlos in andere »natürlichere« Lebensräume ausweichen, da er viel weniger an den Menschen gebunden ist als der Haussperling, der ohne die seltsamen Zweibeiner nicht überleben kann. Nur ganz ausnahmsweise brütet auch der Haussperling weitab von Siedlungen, dies vor allem in milden Regionen seines großen Verbreitungsgebietes. Spätestens jetzt drängt sich die Frage auf, wo denn die Spatzen ursprünglich gelebt haben, als es noch keine Städte und Dörfer gab und die Menschen noch als Jäger und Sammler unterwegs waren.

Wissenschaftler gehen heute davon aus, dass Spatzen ursprünglich in trocken-warmen, mit lockerem Baumbestand durchsetzten Steppengebieten Mittelasiens beheimatet waren. Sie zogen dort vermutlich in Schwärmen umher, ernährten sich von den Samen der Gräser und krautigen Pflanzen und bauten ihre Nester in Bäumen und Büschen. Vor etwa 12000 Jahren begannen die Menschen im sogenannten »fruchtbaren Halbmond« zwischen den Flüssen Euphrat und Tigris im Gebiet des heutigen Irak, möglicherweise durch Klimaveränderungen dazu gezwungen, erstmals damit, Wildgetreide anzubauen und wild lebende Tiere zu domestizieren. Aus nomadisierenden Jäger- und Sammlerhorden wurden so ganz allmählich sesshafte Ackerbauern und Viehzüchter. Die Spatzen wussten aus den neuen Gegebenheiten ihren Vorteil zu ziehen: Im Umfeld der Menschen und ihrer Dörfer gab es nun ein reichhaltiges und vorhersehbares Nahrungsangebot, denn durch züchterische Auslese trugen die neu entstehenden Getreidesorten immer mehr und immer größere Körner, die zudem als Vorräte gelagert wurden. Bei der Ernte, der Lagerung und der Verarbeitung fiel ganz sicher ungewollt ein nicht unerheblicher Teil als Leckerbissen für die Spatzen ab, und das Nutzvieh zog viele Insekten an – wichtige Nahrung für die Jungvögel. Da lag es nahe, gleich ganz bei den Menschen zu leben und auch in ihren Dörfern zu brüten. Die Behausungen, Vorratsscheunen und Stallungen boten den neuen Mitbewohnern des Menschen ausreichend Nischen und Höhlungen zur Anlage ihrer Nester. Allmählich und sicherlich über viele Spatzengenerationen hinweg wurden die Spatzen auf diese Weise von Freibrütern zu Gebäudebrütern.

Zeit genug zur allmählichen Anpassung hatten sie auf jeden Fall, denn dieser epochale Umschwung in der Menschheitsgeschichte, der auch als »neolithische

Feldsperlinge sammeln sich in Hecken, um von dort zur Nachlese auf abgeerntete Felder zu fliegen.

Revolution« bezeichnet wird und den Übergang von der Mittleren Steinzeit (Mesolithikum) zur Jungsteinzeit (Neolithikum) markiert, vollzog sich – anders als der irreführende Begriff »Revolution« vermuten lässt – nicht plötzlich, sondern über einen Zeitraum von mehreren Tausend Jahren und verbreitete sich dabei allmählich in andere Regionen der Erde. In Mitteleuropa begann er frühestens vor etwa 8000 Jahren, als die allmählich zurückweichenden Gletscher und die Klimaerwärmung nach der letzten Eiszeit dies zuließen, und wurde durch Klimaschwankungen immer wieder unterbrochen. Der Beginn des Neolithikums wird bei uns auf die Zeit um 5500 v. Chr. datiert.

Sicher ist, dass die Spatzen, die zu dieser Zeit allmählich aus dem Mittleren und Nahen Osten nach Mitteleuropa einwanderten, bereits echte Kulturfolger mit enger Bindung an den Menschen waren. Zumindest vom Haussperling gibt es offenbar nirgendwo mehr auf der Welt Populationen mit ursprünglicher Lebensweise.

Weltbürger Spatz

Spatzen haben im Gefolge des Menschen auf natürlichem Wege große Teile Eurasiens besiedelt, namentlich der Haussperling wurde außerdem gezielt auch auf anderen Kontinenten angesiedelt, sodass er heute zu den am weitesten verbreiteten Vogelarten der Welt zählt. Europa ist nahezu komplett vom Haussperling besiedelt, nur auf dem italienischen Festland und auf den Mittelmeerinseln Sizilien, Sardinien, Korsika und Malta wird er durch den Italiensperling (siehe Seite 81) sowie auf Kreta durch den Weidensperling (siehe Seite 78) ersetzt.

Darüber hinaus hat der Haussperling in mehreren Unterarten weite Teile Asiens erobert, sofern dort Menschen siedeln: Man findet ihn in großen Teilen Sibiriens ebenso wie in Tibet, Nepal und anderen Regionen des Himalaja, wo er ausnahmsweise in Regionen bis zu 4600 Meter Höhe vorkommt. Besonders vorwitzige Exemplare wagten sich zumindest vorübergehend sogar in die Heimat der Eisbären und erkundeten unter anderem die Inseln Spitzbergen und Nowaja Semlja im Eismeer. Haussperlinge leben auf dem gesamten indischen Subkontinent, weiter östlich in Bangladesch und bis ins nördliche Myanmar und sind von den Staaten des Mittleren Ostens bis auf die arabische Halbinsel verbreitet. Auch in Teilen Nordafrikas bis zur Sinaihalbinsel sind Haussperlinge zuhause.

Große Verbreitungslücken gibt es nur in Ostasien südlich des Amur-Flusses: In China und der südlichen Mongolei fehlen Haussperlinge ebenso wie im größten Teil Südostasiens. Dort wiederum ist der Feldsperling zuhause. Wie sein größerer Vetter ist er in Europa und Asien in mehreren Unterarten weit verbreitet. In einigen Regionen, in denen Haussperlinge vorkommen, fehlen Feldsperlinge allerdings: Verbreitungslücken gibt es in Nordeuropa in weiten Teilen Skandinaviens und Finnlands, im Süden sind Griechenland und die Türkei nur inselartig besiedelt. Ebenso fehlt die Art im Nahen und Mittleren Osten, im arabischen Raum und auf dem indischen Subkontinent. Isolierte Vorkommen sind aber aus Nordafrika bekannt, vor allem aus Tunesien und Marokko.

Gänzlich spatzenfrei (beide Arten) sind die fast menschenleeren Steppen Innerasiens östlich des Kaspischen Meeres. Übrigens bevorzugt der Feldsperling trotz seines irreführenden wissenschaftlichen Artnamens *Passer montanus*, übersetzt »der auf Bergen lebende Spatz«, keineswegs höhere Lagen als der Haussperling. Zwar steigt auch er im Himalaja in Höhen bis etwa 4500 Meter, ein typischer Gebirgsvogel wie der Schneesperling (siehe Seite 83) ist der Feldsperling trotzdem nicht.

Europäische Auswanderer, vornehmlich Briten, brachten den Haussperling mit nach Nordamerika. Viele Siedler wollten im unbekannten Land gern heimische Pflanzen und Tiere wie Spatzen und Stare um sich haben, die ihnen aus der alten Heimat vertraut waren, andererseits glaubten sie, dass besonders die Spatzen wegen ihrer raschen Vermehrung bei der Eindämmung von Insektenplagen von Nutzen sein könnten. Entgegen dem Rat von Fachleuten, die schon früh vor einer unkontrollierten Ausbreitung der gefiederten Neubürger und möglichen Gefahren für die in Nordamerika einheimische Natur gewarnt hatten, wurden 1852 die ersten Haussperlinge in New York freigelassen. In den darauffolgenden Jahren folgten weitere Spatzenimporte aus England und Deutschland mit jeweils bis zu 1000 Vögeln. Auch innerhalb des nordamerikanischen Kontinents wurden die Vögel mehrfach in andere Teile verfrachtet. Nur 30 Jahre später, 1883, hatte der Haussperling im Osten der USA bereits ein Gebiet von etwa 2,6 Millionen Quadratkilometern erobert – eine Fläche etwa doppelt so groß wie Mitteleuropa und Frankreich zusammen! Um die Jahrhundertwende, also wiederum nur etwa 20 Jahre später, war praktisch die gesamte Fläche der USA besiedelt. Heute brüten Haussperlinge regelmäßig auch in Kanada von Neufundland im Osten bis nach British Columbia im Nordwesten und werden gelegentlich sogar in Alaska beobachtet. Südlich drangen die Vögel über Mexiko durch ganz Mittelamerika bis nach Panama vor und besiedeln auch die Inseln der Karibik. Mittlerweile haben sich in Nordamerika sogar schon mehrere Rassen gebildet, die sich zumindest genetisch und teilweise auch morphologisch von den europäischen Spatzen unterscheiden.

Insgesamt ist die rasante Eroberung des gesamten nordamerikanischen Kontinents durch den eingeführten Haussperling eine Entwicklung, die unter ausbreitungsökologischen wie evolutionsbiologischen Gesichtspunkten höchst bemerkenswert ist. Auswirkungen auf die dort beheimatete Vogelwelt hatte der Siegeszug des Haussperlings indes kaum: Vor der Ankunft der weißen Siedler gab es in Nordamerika keine Siedlungen in europäischer Bauweise, an die sich der Spatz so perfekt angepasst hat, und auch keinen Ackerbau in großem Stil. Einheimische Vogelarten hatten sich daran also nicht anpassen können. Die menschlichen Neubürger aus Europa importierten somit quasi eine neue, zusätzliche ökologische Nische samt einem Vogel, der sie ausfüllte und sich nicht – anders als etwa der ebenfalls eingeführte Star – vom Siedlungsraum in die freie Landschaft ausbreitete. Eine nennenswerte Verdrängung der einheimischen Arten durch die eingeführten Spatzen gab es daher nicht, allenfalls eine vermehrte Konkurrenz um neue Nahrungsressourcen.

Unabhängig von den Ansiedlungen im Norden wurden Haussperlinge auch in Südamerika eingeführt: Erste Einbürgerungen erfolgten 1872 in Argentinien, rund 30 Jahre später in Brasilien (1903) und Chile (1904). Auch dort erwiesen sich die Spatzen als sehr erfolgreiche Kolonisatoren, die bereits 1950 die gesamte Südhälfte des Kontinents erobert hatten. Von dort aus breiteten sie sich entlang der Anden bis nach Kolumbien im Norden aus und erreichten im Osten die Mündung des Amazonas. Im Zuge der Erschließung und Vernichtung des brasilianischen Regenwaldes mit immer neuen Straßen, Brandrodungen und Siedlungen drangen Spatzen bis tief ins Landesinnere vor.

Ebenso wurden Haussperlinge auch nach Australien und Neuseeland eingeführt, und von Neuseeland aus wiederum wurden sie auf die Hawaii-Inseln gebracht. Auch Teile Afrikas außerhalb der zerstreuten natürlichen Vorkommen nördlich der Sahara konnte der Spatz nur mit Hilfe des Menschen erobern: Zunächst gelangte er um 1900 nach Südafrika. Anders als etwa in Nordamerika gab es dort keine planmäßigen Aussetzungsaktionen in großem Stil, sondern eher zufällige Freilassungen von Einzelvögeln und kleinen Spatzenscharen. Ihre Ausbreitung schritt ein halbes Jahrhundert lang nur zögerlich voran, erst danach beschleunigte sich die Expansion deutlich. Man sollte meinen, dass die

Spatzen aufgrund ihrer mutmaßlichen Herkunft aus trocken-warmen Steppengebieten Asiens in entsprechenden Lebensräumen Afrikas gut gedeihen würden, aber offensichtlich haben sie sich im Laufe der letzten Jahrtausende so sehr an den Menschen und bestimmte Arten von Siedlungen angepasst, dass sie ganz darauf angewiesen sind. So zeigte sich, dass die Vögel die traditionellen Hüttendörfer der Eingeborenen mieden und stattdessen die Steinhäuser westlichen Stils besiedelten. Erst mit dem Vorrücken europäischer Siedler und ihrer Bauten konnten die Spatzen den gesamten Süden und weite Teile im Osten des afrikanischen Kontinents erobern. 1970 tauchten Haussperlinge, offenbar durch Schiffe verschleppt, in der senegalesischen Hauptstadt Dakar auf und haben sich von dort nicht nur in weiten Teilen Senegals, sondern auch in den Nachbarländern Gambia und Mauretanien ausgebreitet.

Dass frei fliegende Spatzen als blinde Passagiere auf Schiffen lange Distanzen zurücklegten, ist mehrfach gut dokumentiert, so etwa von Bremerhaven ins australische Melbourne oder von Oslo nach New York. Auf diese Weise oder auch durch Stürme verdriftet, gelangten die Vögel unter anderem an so exotische Orte wie die Malediven, die sturmumtosten Falklandinseln im Südatlantik, nach Sansibar, Papua-Neuguinea und Madagaskar, selbst auf die Osterinsel – rund 3000 Kilometer vom Festland entfernt in der Südsee gelegen. 1990 wurde die Art erstmals auf der japanischen Insel Hokkaido nachgewiesen. Nicht überall konnte sie sich ausbreiten, auch nicht nach gezielten Einbürgerungsversuchen wie etwa auf Grönland, wo es den Spatzen auf Dauer denn wohl doch zu kalt und ungemütlich war.

Ob der Haussperling neue Gebiete durch natürliche Arealausweitung im Gefolge des Menschen, durch gezielte Einbürgerung oder durch unbeabsichtigte Verschleppung eroberte, lässt sich im Einzelfall vielfach nicht mehr eindeutig nachvollziehen. Sicher ist nur, dass der Haussperling zum Kosmopoliten wurde, dessen weltweiter Bestand heute auf etwa 500 Millionen Vögel geschätzt wird.

Auch der Feldsperling wurde vom Menschen in Gegenden außerhalb seines natürlichen Verbreitungsgebietes verfrachtet, war aber in der Besiedlung der neuen Gebiete weit weniger erfolgreich als der Haussperling. So wurden 1870 in Nordamerika etwa 20 Vögel in St. Louis im Bundesstaat Missouri freigelassen. Ihre Nachkommen konnten bis heute aber nur ein recht kleines Areal besiedeln und blieben verhältnismäßig selten – zu groß war und ist die Konkurrenz mit dem früher eingeführten Haussperling. Auch in Australien, wo der Feldsperling vermutlich unabsichtlich eingeschleppt wurde, blieb sein Vorkommen regional begrenzt.

Von wegen Spatzenhirn!

Spatzen sind in der Lage, im Gefolge des Menschen die unterschiedlichsten Klimazonen zu besiedeln. Das wurde im vorigen Kapitel dargestellt. Vor allem aber haben sie nicht nur gelernt, in unmittelbarer Nachbarschaft der Menschen zu überleben und mit ihnen auszukommen, sondern von dieser Nachbarschaft auch entscheidend zu profitieren. Bei uns gilt dies ganz besonders und vor allem für den Haussperling.

Diese Fähigkeiten sind in einer Kombination besonderer Verhaltensmerkmale der Vögel begründet: Spatzen sind einerseits »frech«, etwa wenn sie im Cafégarten zwischen den Beinen der Besucher herumhüpfen oder gar auf die Tische fliegen und Kuchenkrümel stibitzen (was Feldsperlinge, die eine deutlich geringere Plastizität des Verhaltens beim Nahrungserwerb zeigen, nie tun würden), andererseits sind sie dabei stets vorsichtig und misstrauisch. Fühlen sie sich beobachtet, bleiben sie lieber auf Abstand – schließlich kann man nie wissen, wie sich die seltsamen Zweibeiner verhalten. Es ist so gut wie unmöglich, Spatzen offen zu fotografieren. Das »Auge« des Kameraobjektivs, das sie »anstarrt«, ist ihnen unheimlich. Das gilt allerdings für viele Tiere, zum Beispiel auch für futterzahme Enten im Park, die einem sonst das Brot aus der Hand nehmen. Städtische Spatzen sind dem Menschen gegenüber meist toleranter als Artgenossen, die auf dem Land leben. Und Weibchen sind in der Regel scheuer als die Männchen.

Dabei sind die Vögel sehr wohl in der Lage, zwischen einzelnen Menschen zu unterscheiden. Nur gegenüber Personen, die sie über einen längeren Zeitraum als ungefährlich und wohlwollend kennengelernt haben, verhalten sich frei lebende Spatzen wirklich zutraulich. Ebenso erweisen sich von Hand aufgezogene Tiere als sehr anhängliche, reizende Hausgenossen. Der seinerzeit auch in Deutschland sehr populäre Chansonsänger Salvatore Adamo besang 1972 in seinem Lied »Die alte Dame, der Sänger und die Spatzen«, wie während eines Pressetermins in einem Park einer der Pressefotografen ein »altes Frauchen« auf einer Bank sitzen sah, dem die Spatzen beim Füttern auf die Hand flogen. Das sollte Adamo auch probieren, denn: »Ein solches Bild kommt an bei den Fanclubs im Land.« Der Sänger bat also die Dame um ein paar Brocken Brot, die sie ihm auch gab, nicht ohne zu betonen, dass sein Vorhaben nicht funktionieren würde, da die Vögel seit Jahren an sie gewöhnt seien und sie regelmäßig mit ihnen spräche. Wie groß aber war ihre Enttäuschung, dass die Spatzen nach kurzem Zögern auch auf die Hand des ihnen unbekannten

Sängers flogen: »Ein Spatz erst musst' es wagen, dann war der Andrang groß. Es macht ein leerer Magen auch uns charakterlos.«

Falls sich dies tatsächlich wie besungen zugetragen haben sollte, wäre es für die fremden Personen gegenüber stets misstrauischen Spatzen ein eher ungewöhnliches Verhalten.

Zutreffend in dem Liedtext ist in jedem Fall die Zeile »Ein Spatz erst musst' es wagen ...«. In der Tat können die Tiere von mutigen Artgenossen lernen und ihrem Beispiel folgen. In Londoner Parks etwa werden Spaziergänger von den Vögeln offensichtlich generell als harmlose Futterspender angesehen, dort nehmen sie Futter von Passanten nicht nur aus der Hand, sondern sogar aus dem Mund. Auch kann man häufig beobachten, dass einzelne besonders mutige und neugierige Haussperlinge, meistens Männchen, neue Situationen oder potenzielle Nahrungsquellen regelrecht auskundschaften. Ähnlich wie Ratten sind sie ungewohnter Nahrung gegenüber zunächst sehr zurückhaltend, etwa am Vogelhäuschen, selbst wenn ihnen die Futterstelle als solche vertraut ist. Entdeckt ein einzelner Vogel aber eine ergiebige Nahrungsquelle, ruft er seine Schwarmgenossen herbei und wartet selbst mit dem Essen, bis wenigstens einige Kumpane am Futter versammelt sind – allerdings nur, wenn es sich auch zu teilen lohnt. Ein Stückchen Brot etwa wird vom Finder allein verzehrt.

In der TV-Dokumentation »Planet der Spatzen« des Norddeutschen Rundfunks wurde dieses Verhalten eindrucksvoll gezeigt: In Paris war ein mobiler Verkaufsstand mit offen zugänglichen Croissants und anderen Backwaren das Ziel hungriger Spatzen. Ein Kundschafter checkte die Situation und benachrichtigte seine »Gang«, aus der daraufhin einige erfahrene Mitglieder als »Wachposten« in der Nähe Stellung bezogen, während der Rest des Spatzenschwarms zunächst abwartend im Hintergrund blieb. In dem Moment, als der Verkäufer abgelenkt war und sich einige Meter von seinem Stand entfernte, schlugen die Spatzen zu und bedienten sich, ohne zu bezahlen – ein Verhalten, das man als »konzertierte Aktion« bezeichnen kann, jedenfalls ein planvolles, strategisches Vorgehen. Die Tatsache, dass ein Kundschafter, der eine reichhaltige Nahrungsquelle entdeckt hat, mit dem Essen wartet, bis mehrere Spatzen versammelt sind, dürfte nichts mit guten Manieren zu tun haben wie bei uns Menschen. Vielmehr ist so gut wie das gesamte Verhalten der sehr geselligen und sozialen Spatzen auf das Leben in der Gruppe ausgerichtet: Sie tun grundsätzlich alles – essen, trinken, baden, ruhen – gemeinsam und genießen so den Schutz des Schwarms. Viele Augen erkennen Gefahren schneller als ein Einzelvogel, der sich somit im Schwarm sicherer fühlen und mehr Zeit für die Nahrungsaufnahme verwenden kann, weil er nicht ständig selbst aufpassen muss. Auf der anderen Seite steigt mit zunehmender Zahl der Vögel die Konkurrenz um Nahrung, was vor allem bei größeren Trupps eine Rolle spielt.

Zwar schließen sich viele einheimische Vögel nach der Brutzeit zu Schwärmen zusammen, etwa Kraniche und Wildgänse oder unter den Singvögeln viele Finken und Ammern, Drosseln und auch Rabenvögel. Doch nur verhältnismäßig wenige Arten leben das ganze Jahr über gesellig, zum Beispiel Dohlen und Saatkrähen, die oft in großen Kolonien brüten, Schwalben, Stare und Wacholderdrosseln und eben Spatzen. Leben im Sozialverband bietet nicht nur erhöhten Schutz vor Feinden, sondern ermöglicht auch soziales Lernen, das beim Haussperling auffällig ausgeprägt ist: Artgenossen übernehmen durch Nachahmung »Pionierleistungen« einzelner Vögel, sodass sich Traditionen herausbilden können. Auf diese Weise lernt eine Spatzengemeinschaft nicht nur sehr schnell, neue Nahrungsquellen zu nutzen (siehe Seite 35), sondern auch ungewöhnliche Requisiten ihres vom Menschen geprägten Lebensraumes in ihr Alltagsleben zu integrieren. So folgten badelustige Haussperlinge fliegend dem rotierenden Strahl eines Rasensprengers, andere flatterten gezielt vor dem Sensor einer automatischen Schiebetür, um ins Innere eines Warteraums an einer Bushaltestelle zu gelangen. Auf Ibiza tranken Spatzen aus 20 Meter tiefen Brunnen, und in England waren Haussperlinge die ersten, die den zuvor von Kohlmeisen »erfundenen« Trick kopierten, mit einem Plastikdeckel verschlossene Milchflaschen zu öffnen, um vom nahrhaften Rahm zu naschen.

Feldsperlinge sind, obwohl ebenfalls gesellig und im Umfeld des Menschen lebend, in dieser Hinsicht bei Weitem nicht so kreativ wie die Haussperlinge. Möglicherweise haben diese ihre besondere Intelligenz und die Plastizität ihres Verhaltens als Reaktion auf die Vorzüge, aber auch Gefahren und besonderen Herausforderungen entwickelt, die das enge Zusammenleben mit den Menschen mit sich bringt. Vielleicht haben genau diese Eigenschaften es dem Haussperling aber auch erst ermöglicht, zum engen Begleiter des Menschen zu werden. Andererseits hat es der in seinem Verhalten weniger anpassungsfähige Feldsperling in den Weltgegenden, wo der Haussperling fehlt (siehe Seite 17 und Seite 20), geschafft, dessen Rolle als Stadtvogel und »Haus«spatz einzunehmen.

Haussperlinge zeigen gelegentlich sogar scheinbar nutzloses, spielerisches Verhalten: So warfen einige Spatzen tagelang kleine Steinchen von einem Flachdach auf eine schräg stehende Klapptür und lauschten hingebungsvoll den dabei entstehenden Geräuschen. Andere erzeugten zwei Wochen lang durch minutenlanges Picken an Porzellanisolatoren Serien heller Klingeltöne, was auch einem Buntspecht zur Ehre gereicht hätte. Dies mag von Musikalität zeugen, in jedem Falle aber von hoher Intelligenz und Neugier – von wegen Spatzenhirn! In seinem gleichnamigen Buch zeigt der Verhaltensforscher Immanuel Birmelin, zu welchen komplexen Intelligenzleistungen viele Vögel in der Lage sind. Lange Zeit waren Wissenschaftler der Meinung gewesen, dass Vögel wegen ihrer Gehirnanatomie weitgehend instinktgesteuerte Wesen seien. Stammesgeschichtlich alte Gehirnteile, die bei Säugern überwiegend Instinkthandlungen steuern, sind bei Vögeln nämlich im Verhältnis größer als bei Säugetieren. Moderne Erkenntnisse der Neurobiologie und die Ergebnisse zahlreicher ausgeklügelter Intelligenztests mit Vögeln führten mittlerweile zu einem Umdenken in der Wissenschaft: Man stellte fest, dass auch die »alten« Hirnteile in ihrer inneren Architektur genauso komplex vernetzt sind wie die Gehirne von Säugetieren – »ähnlich einem sehr alten Haus mit modernster Hightech-Inneneinrichtung«, wie es Verhaltensforscher Birmelin ausdrückt. In der Tat können sich zum Beispiel Rabenvögel und Papageien in puncto Intelligenz und Lernvermögen mit Primaten und Delfinen messen. Aber auch Haussperlinge sind in dieser Hinsicht zu ganz erstaunlichen Leistungen fähig, besonders, wenn es um den Nahrungserwerb geht. Das nächste Kapitel beschreibt hierfür eindrucksvolle Beispiele.

Unerschrockene Spatzen stibitzen Kuchenkrümel sogar vom Cafétisch.

Der Spatz lebt nicht vom Brot allein ...

Erwachsene Spatzen sind überwiegend Vegetarier, wobei es zwischen den beiden einheimischen Sperlingsarten Unterschiede bei der Bevorzugung bestimmter Nahrung gibt: Der Haussperling als Prototyp eines Kulturfolgers ist in ländlichen Gegenden auf Getreide spezialisiert, das bis zu 75 Prozent seiner jährlichen Gesamtnahrungsmenge ausmachen kann. Weizen wird dabei vor Hafer vor Gerste vor Roggen bevorzugt, auch Mais und in anderen Weltgegenden angebaute Kulturgräser wie Hirse und Reis stehen auf dem Speisezettel des Haussperlings. Bevorzugt werden Getreidekörner während der Reife und Ernte aufgenommen, aber bei entsprechendem Angebot, etwa in Pferdeställen, Hühnerhaltungen oder in zoologischen Gärten, das ganze Jahr über genutzt. Aus den Hinterlassenschaften der Pferde, den »Pferdeäpfeln«, klauben die Spatzen unverdaute Haferkörner, und in Zoos und Vogelparks zwängen sie sich durch Gitterstäbe und Maschendraht, um furchtlos zwischen oftmals viel größeren Tieren von deren Futter zu schmarotzen.

Samen verschiedener Wildkräuter und Wildgräser werden ebenfalls gefressen, aber in weitaus geringerem Maße als beim Feldsperling, der diese Nahrung deutlich gegenüber Getreide bevorzugt. Letzterer hat nämlich einen schwächeren Schnabel als der Haussperling und kann große Getreidekörner weniger gut ernten und öffnen als sein Verwandter. Der Feldsperling nimmt Getreide vor allem im milchreifen Zustand, denn in diesem Stadium sind die mit einer weißen, süßen Flüssigkeit gefüllten Samen noch sehr weich und kleiner als das ausgereifte Korn. Die Vögel fliegen dazu meist vom Boden aus eine Ähre an und picken bei jedem Anflug flatternd ein Korn heraus – ein mühsames Unterfangen. Die schwereren Haussperlinge tun das ebenfalls, sind aber auch in der Lage, einen schwächeren Halm herunterzubiegen und die Ähre am Boden abzuernten. Sobald ein Vogel den Trick heraushat, ahmen die Schwarmmitglieder dieses Verhalten sehr schnell nach. Oft ernten Haussperlinge die reifen Körner auch bequem im Sitzen direkt vom Halm aus. Wildkräutersamen werden je nach Pflanze und Situation vom Boden oder aus der Vegetation gesammelt.

Die nebenstehend aufgelisteten Arten sind häufige Pflanzen der Wegränder, Schuttplätze, Brachflächen und Hofstellen. Botaniker zählen sie daher zur »Ruderalflora« (lat. »rudus« = Schutt). Für die meisten Menschen ist es schlicht »Unkraut«, unnützer Wildwuchs – aber eben auch beliebtes Spatzenfutter.

Bei Spatzen besonders beliebte
Wildkräuter und Wildgräser (Samen):
- Weißer Gänsefuß
  (Chenopodium album)
- Vogelknöterich
  (Polygonum aviculare)
- Flohknöterich
  (Polygonum persicaria)
- Vogelmiere
  (Stellaria media)
- Gemeiner Beifuß
  (Artemisia vulgare)
- Gemeine Nachtkerze
  (Oenothera biennis)
- Löwenzahn
  (Taraxacum officinale)
- Brennnessel
  (Urtica dioica / Urtica urens)
- Melde *(Atriplex spec.)*
- Borstenhirse *(Setaria spec.)*
- Hühnerhirse *(Echinochloa crus-galli)*
- Bluthirse *(Digitaria sanguinalis)*
- Einjähriges Rispengras *(Poa annua)*

Im Frühjahr stehen mitunter auch Knospen und frisch austreibende Blätter auf dem Speiseplan der Spatzen.

Insbesondere die auf Wildkrautsamen spezialisierten Feldsperlinge nutzen noch zahlreiche weitere Arten, zum Beispiel Sauerampfer, Mohn und Disteln, auch bei uns eingeschleppte und inzwischen heimisch gewordene Arten wie die Kanadische Goldrute oder den Amarant. Im Winter gehen sie gebietsweise sogar an Schilfsamen. Die Auswahl der Wildsamen ist abhängig von Erreichbarkeit und Reifegrad sowie der Bodenbeschaffenheit, die Zusammensetzung und Häufigkeit der Kräuter und Gräser bestimmt.

Spatzen verzehren regelmäßig auch grüne Pflanzenteile wie Blattstückchen und Blütenkelche etwa von Löwenzahn und Vogelmiere, im Frühjahr außerdem Knospen, junge Blätter und Blüten unter anderem von Obstgehölzen wie Johannisbeeren, Kirschen oder Pflaumen. Kleinere Blüten werden ganz verschluckt, von Obstbaumblüten die Fruchtknoten verzehrt. Haussperlinge machen sich mitunter im Garten unbeliebt, wenn sie im Frühjahr die Blüten von Krokussen, Primeln oder Blausternchen abbeißen oder zerfleddern, um die Fruchtknoten zu verspeisen oder auch um Nektar zu trinken. Besonders gelbe Blüten haben es ihnen angetan, wohl weil diese mehr Nektar enthalten sollen als andersfarbige Blüten. Vielleicht gefällt den Vögeln aber auch nur die Farbe besonders gut.

Ab dem späteren Herbst, wenn Getreide und Wildkrautsamen knapp werden und Futterstellen nicht erreichbar oder noch nicht befüllt sind, naschen Spatzen auch Früchte verschiedener Sträucher und Bäume. Besonders beliebt – auch bei vielen anderen Vogelarten – sind zum Beispiel Schwarzer Holunder

(Fliederbeeren), Vogelbeere (Eberesche), Vogelkirsche und Traubenkirsche, Berberitze, Felsenmispel (Cotoneaster) und Felsenbirne – allesamt Arten, die entweder als heimische Arten in freier Natur wachsen oder in Gärten und Parks als Ziergehölze gepflanzt werden. Haussperlinge wissen bei Gelegenheit auch Erdbeeren und reifes Obst zu schätzen – allerdings bei Weitem nicht in dem Maße wie etwa Amseln und Stare. Von entsprechenden Ernteschäden durch Spatzen habe ich jedenfalls noch nie gehört.

Ferner stehen die Samen von Baumarten wie Birken, Pappeln, Erlen und Ulmen auf dem Speisezettel, und selbst die Samen von Nadelbäumen wie Fichte oder Kiefer werden aus den reifen Zapfen geerntet, sobald sich diese bei trockenem Wetter geöffnet haben, um ihre Samen vom Wind verbreiten zu lassen. Haussperlinge hängen sich dabei mit einer Geschicklichkeit, die man ihnen gar nicht zutrauen würde, sogar kopfüber an die Zapfen, um die Samen aus den sich nach unten öffnenden Zapfenschuppen herauszuziehen. Feldsperlinge sind nicht so akrobatisch veranlagt, dafür aber wendiger im Flug als ihre größeren Vettern.

Grundsätzlich spielt im Winter (gegebenenfalls auch im Sommer) von Vogelfreunden ausgebrachtes Körnerfutter eine wichtige Rolle (siehe Seite 156). Da Spatzen stets in Gruppen oder im großen Schwarm auftreten, können sie eine Futterstelle regelrecht belagern. Meisen etwa fliegen jeweils nur kurz an und holen sich gesittet einen Sonnenblumenkern oder einen anderen Leckerbissen, um ihn in der Nähe in Ruhe zu verspeisen oder auch wie der Kleiber als Notration für schlechte Zeiten (die nie kommen werden, solange das Futterhäuschen regelmäßig gefüllt wird, aber man kann ja nie wissen ...) zu verstecken. Anders die Spatzen: Sie hocken breit und bräsig im Vogelhäuschen und futtern an Ort und Stelle, bis sie satt sind oder nichts mehr da ist. Nur die Grünfinken verfolgen eine ähnlich erfolgreiche Strategie der schwarmweisen Belagerungstaktik. Es wurde schon häufiger beobachtet, dass schlaue Feldsperlinge die Grünfinken sozusagen als Büchsenöffner missbrauchten: Im Gegensatz zu den Finken, die mit dem scharfen Rand ihres Unterschnabels die harte Schale eines Sonnenblumenkerns aufschneiden können, sind Spatzen dazu nicht in der Lage. Ihr stumpfer Schnabelrand erfordert eine andere Technik: Der Samen wird wie bei den Finken mit der Zunge gegen den Gaumen gedrückt und so fixiert und dann durch schnelle »Kau«-Bewegungen des Unterschnabels aufgequetscht. Große Sonnenblumenkerne können Feldsperlinge jedoch nur enthülsen, solange diese noch ganz frisch und weich sind. Sind sie erst trocken und hart, sind sie auf fremde Hilfe angewiesen. Also warten die Vögel geduldig, bis ein Grünfink die

Schale eines der nahrhaften Kerne geöffnet hat, um ihn dann dem überraschten Finken blitzschnell aus dem Schnabel zu stehlen – ein klassischer Fall von Mundraub! Gimpel und Kernbeißer bleiben von den Spatzen unbehelligt – vor deren klobigen Schnäbeln nehmen sie sich respektvoll in Acht. Wenn die Sperlinge sehr hungrig sind, schlucken sie mitunter auch große Samen ungeöffnet herunter und vertrauen auf das Wirken regelmäßig geschluckter Steinchen, sogenannter Magensteine, die in Zusammenarbeit mit der kräftigen Magenmuskulatur als Mahlwerk fungieren und die vorher im Kropf angeweichten Kerne bearbeiten.

Haussperlinge sind im Gegensatz zu Feldsperlingen auch in der Lage, sich seitlich an frei hängenden Meisenknödeln festzuhalten und sogar an senkrechten Strukturen festzuklammern, etwa an rissiger Borke von Bäumen, die mit Fettfutter beschmiert wurde. Sie erweisen sich dabei als fast so geschickt wie Meisen oder Zeisige, scheinen mancherorts aber winterliche Futterstellen weniger regelmäßig zu besuchen als Feldsperlinge. Bis vor einigen Jahrzehnten wurden sogenannte »spatzensichere« Futtergeräte propagiert und verkauft, selbst von Vogelschutzverbänden, denn man wollte angesichts der Massen von Sperlingen, die es seinerzeit noch gab, die »nützlichen« Singvögel fördern. Aber man hatte nicht mit der Intelligenz der Spatzen gerechnet: Was immer sich die Menschen ausgedacht hatten, um die damals unerwünschten Mitesser fernzuhalten: Sie lernten schnell und holten sich ihren Anteil.

Während erwachsene Spatzen überwiegende Vegetarier sind, füttern sie ihre Jungen in den ersten Tagen ausschließlich mit eiweißreicher, tierischer Kost. Verfüttert wird dabei alles, was gerade verfügbar ist und die passende Größe hat, zunächst sehr kleine, weiche Beutetiere wie Blattläuse, winzige Räupchen und Spinnen, später Fliegen, Mücken, kleine Käfer, Blattwanzen, Schmetterlinge und deren Larvenstadien, mitunter kleine Heuschrecken und sogar Kleinlibellen. Spatzen leisten auch einen nicht zu unterschätzenden Beitrag zur biologischen Schädlingsbekämpfung: Wenn sich bestimmte Insekten, die als Schädlinge im Obst- und Gemüsebau oder in Forstkulturen auftreten können, massenhaft vermehren, füttern die Spatzeneltern ihre Jungen überwiegend mit diesen Arten. Bei Insektenmangel tragen die Eltern ihrer Brut auch schon mal Hundefutter oder Brotkrumen zu – kein geeignetes Aufzuchtfutter und allenfalls als Ergänzung und Notnahrung geeignet. Auch die erwachsenen Vögel verschmähen bei Gelegenheit animalische Kost nicht – für Feldsperlinge gilt dies in deutlich stärkerem Maße als für Haussperlinge. Diese entwickeln dafür mitunter Appetit auf größere Beute als kleine Insekten, an die sich der Feldsperling überwiegend hält. Manche Exemplare erbeuten systematisch Großlibellen während des Schlupfvorganges oder kurz danach, wenn deren Chitinpanzer noch weich und die Flügel noch nicht ausgehärtet sind, sodass die Libellen den hungrigen Schnäbeln nicht entkommen können. Auf diese Weise können Spatzen, insbesondere weil sie im Schwarm auftreten und voneinander lernen, eine ganze Libellengeneration stark dezimieren, bevor die pfeilschnellen Akrobaten der Lüfte auch nur einen Flügelschlag getan haben.

Andere Spatzen fingen Bienen aus einem dicht schwärmenden Volk und direkt am Stock. Sie hatten gelernt, den Giftstachel herauszuquetschen und das austretende Gift an einer Unterlage abzuwischen. Selbst Wirbeltiere landeten schon in den Mägen hungriger Spatzen: Einige fingen und fraßen Jungfische in flachem Wasser und winzige Frösche, die das Wasser nach dem Kaulquappenstadium gerade verlassen hatten. Andere fanden Gefallen an kleinen Muscheln, Schnecken und Krabben im Spülsaum der Meeresküste. Als Beutetiere von »Killerspatzen« belegt sind auch bis zu 15 Zentimeter lange Schlangen, Geckos und Eidechsen – von Letzteren allerdings nur die Schwänze, die die angegriffenen Reptilien abgeworfen hatten, um den Rest ihres Körpers und damit ihr Leben zu retten. Um das Leben ihrer eigenen Jungen während einer anhaltend kalten, nassen Witterungsperiode, in der es keine Insekten gab, zu retten, verfütterten Spatzeneltern zunächst verhungerte und später sogar sehr kleine, lebende Schwalbenküken an ihre Brut. Haussperlinge sind sich auch nicht zu schade, bei größeren Vögeln wie Staren oder Drosseln zu parasitieren und diesen die Beute abzunehmen oder Insekten aus Spinnennetzen zu picken. Selbst große Grabwespen, die erbeutete Heuschrecken mühsam zu ihren unterirdischen Bauen schleppten, verloren ihre als Nahrungsvorräte für den Nachwuchs gedachte Beute an marodierende Spatzengangs.

Haussperlinge fangen Insekten nicht nur am Boden, sondern auch aus dem Sitzen heraus in mehr oder weniger elegantem Flug in der Luft. Auch sind sie in der Lage, im Rüttelflug über niedriger Vegetation nach Beutetieren zu spähen oder im Schwirrflug Insekten von Zweigen abzusammeln. Einige Vögel wurden dabei beobachtet, wie sie sich in dichten Hecken auf die Äste der Sträucher setzten und durch Flügelschlagen in der Vegetation verborgene Insekten aufscheuchten, die anschließend in den Schnäbeln der Vögel landeten. Normalerweise tagaktiv, haben Spatzen mancherorts gelernt, auch nachts erfolgreich Beute zu machen, indem sie von Straßenlaternen und anderen Lichtquellen angezogene Motten und anderes nachtaktive Getier fangen. Kaum zu glauben, aber wahr: Auf dem hell erleuchteten Empire State Building in New York wurden Spatzen in 300 Meter Höhe beim nächtlichen Insektenfang beobachtet!

Spatzenbrot

Ein Spatz fing eine Libelle
und brachte sie auf der Stelle
den tschilpenden Jungen ins Nest.
Die stritten um Flügel und Leib
nur so zum Zeitvertreib
und verschlangen sie ohne Rest.

Azurblaue Libelle,
Flugkünstlerin, du schnelle,
du wardst zu Spatzenbrot.
Wer sieben Schnäbel stopfen muss,
hat keine Zeit für Kunstgenuss,
fängt alles in der Not.

Ob die Jungen nach solcher Speise
fliegen auf Libellenweise?
Man zweifle getrost daran.
Doch der Alte, der mich überraschte,
weil er die Libelle erhaschte,
hat zumindest gezeigt, was ein Spatz alles kann.

Jutta Over
(aus: »Der Wobbegong. Tiergedichte«, Books on Demand 2015)

Insbesondere in der Stadt lebende Populationen zeigen beim Nahrungserwerb eine höchst bemerkenswerte Lernfähigkeit und Kreativität: Sie suchen, inzwischen verbreitet, Kühlergrills parkender Autos und selbst das Innere von Motorhauben nach Insektenresten ab, die während der Fahrt mit dem Fahrzeug kollidiert waren, und warten in Bahnhofshallen im Rhythmus des Fahrplans auf dort haltende Züge, um auf ähnliche Weise die Lokomotiven als Snackbar zu nutzen. Sie inspizieren Papierkörbe und schütteln auf Bahnsteigen, mitunter drei Rolltreppen tief wie in Londoner U-Bahn-Stationen, aus Papierabfällen Brotkrümel heraus, andere klammerten sich über Stunden, ein Vogel über dem anderen, an eine Hotelfassade und warteten auf das Balkonfrühstück der Gäste, wo immer ein Häppchen für sie abfiel. Städtische Spatzen haben ihr Nahrungsspektrum deutlich erweitert: Sie nehmen – ähnlich wie die in dieser Hinsicht ebenso anpassungsfähigen Straßentauben – auch mit Brot, Pommes, Currywurststücken und sonstigen (nicht nur für Vögel) ungesunden Nahrungsresten vorlieb und lungern dafür in Bahnhöfen, vor Gaststätten und Imbisswagen herum. Auf der Suche nach Essensresten durchstöbern sie Abfall und Misthaufen. Auch Hundefutter gehört inzwischen zum festen Bestandteil des umfangreichen Speisezettels der städtischen Haussperlinge. Die schlauen Vögel lernten sogar, hartes Brot in Wasser einzutunken oder für Wasservögel in Parkteiche geworfenes Brot herauszufischen.

Buchstäblich den Vogel schoss jedoch ein Trupp von 15 Spatzen ab, die an einem Wochenende in ein Schlachthaus eindrangen und dort ein dreiviertel Kilogramm Kalbsleber fast vollständig verzehrten und zu allem Überfluss auch noch etliche Rinderhälften anpickten. Überzeugte Vegetarier sind Haussperlinge also keineswegs: Ein Weibchen entwickelte sogar kannibalische Gelüste und fraß Fleischstückchen aus dem Kadaver eines auf der Straße verunglückten Artgenossen. Ausschließlich von animalischer Kost können sie indes nicht leben: Füttert man erwachsene Spatzen in Gefangenschaft ausschließlich mit Insekten oder anderer fleischlicher Nahrung, bekommen sie schwere Verdauungsstörungen und gehen unweigerlich ein.

Reinliche Dreckspatzen

Spatzen legen viel Wert auf regelmäßige Körperpflege beziehungsweise Gefiederpflege. Was gibt es Schöneres als ein ausgiebiges Bad in einer Pfütze oder ein Sandbad in einer staubigen Mulde?

Gebadet wird das ganze Jahr über, an frostfreien Tagen selbst im Winter. Sonnenschein wirkt – wie bei Menschen – stark stimulierend auf das Badevergnügen, daher baden Spatzen am häufigsten in den warmen Mittagsstunden. Zunächst taucht der badende Vogel den Kopf ins Wasser und schleudert es durch Kopfschütteln mit dem Schnabel beiseite, dass es nur so spritzt. Gleichzeitig benetzt er das aufgeplusterte Brustgefieder und den abwärts gerichteten Schwanz, duckt sich und schlägt und schüttelt heftig mit den Flügeln im Wasser, bis auch das Rückengefieder durchnässt wird. Das Ganze wird mehrfach mit oft zunehmender Intensität wiederholt. Bevor die Planscherei richtig losgeht,

Ausgiebige Staubbäder helfen den »Dreckspatzen«, lästige Parasiten loszuwerden.

hüpft der badende Vogel mehrmals in den Pool und führt die Badebewegungen zunächst nur andeutungsweise aus, manchmal auch außerhalb des Wassers. Beim Baden bleiben die Vögel stets im flachen Bereich, denn obwohl schon beobachtet wurde, dass sich ein ins Wasser gefallener gerade flügge gewordener Spatz mit Ruderbewegungen seiner Flügel ans Ufer rettete – schwimmen wie eine Ente können die Vögel nicht: Hat sich das Gefieder voll Wasser gesogen, geht der Vogel unter und ertrinkt. Nach dem Bad wird das gesamte Gefieder sorgfältig ausgeschüttelt, danach sucht sich der nun ziemlich zerfleddert aussehende Spatz ein warmes, sonniges Plätzchen. Durchwärmte Dachziegel eignen sich dafür hervorragend, aber auch warmer Sand. Der animiert die Vögel auch zu ausgedehnten Sandbädern, bei dem ganz ähnliche Bewegungen wie beim Bad im Wasser ausgeführt werden. Durch Strampeln mit den Beinen scharren sie im weichen Sand kleine Mulden, ähnlich wie Hühner dies tun. Gerne nutzen die Spatzen von Hühnern angelegte Sandbademulden, vor allem in härterem Boden, den nur die kräftigen Scharrfüße der Hühner aufkratzen können. Nicht selten verteidigen Sperlinge »ihre« Mulden mit Drohgebärden gegen Artgenossen, andererseits nutzen oft mehrere Vögel hintereinander dieselbe Mulde.

Dieses Verhalten des Sandbadens – auch Staubbaden genannt – hat ihnen den Namen »Dreckspatz« eingetragen. In Wirklichkeit dient es jedoch gerade der Körperhygiene: Lästige Parasiten wie Milben und Federlinge halten sich vermutlich an den Bodenpartikeln fest und werden beim Ausschütteln mit entfernt. Für diese These spricht, dass nach einem Sandbad von Auerhühnern zahlreiche Parasiten in den dafür genutzten Kuhlen gefunden wurden. Die vermeintlichen Dreckspatzen sind also in Wirklichkeit – genau wie die ähnlich übel beleumdeten Schweine – sehr reinliche und auf Hygiene bedachte Tiere. Unter den einheimischen Singvögeln zeigen außer den Spatzen nur wenige dieses Verhalten des Sandbadens, vor allem Lerchen, die sich ebenfalls viel auf häufig nur spärlich bewachsenem Boden aufhalten.

Nach dem Baden und Sonnen wird das Gefieder sorgfältig mit dem Schnabel in Form gezupft, geglättet und mit einem Sekret aus der Bürzeldrüse eingefettet. Ein intaktes Gefieder ist nicht nur für die Schönheit da, sondern für einen Vogel lebensnotwendig, gewährleistet es doch Wärmeisolierung, Regenfestigkeit und nicht zuletzt ein einwandfreies Flugvermögen. Es ist auch ein Anzeichen für gute Gesundheit, denn ein kranker Vogel hat oft nicht mehr die Kraft, sein Federkleid in Ordnung zu halten, und sieht dann plusterig und zerrupft aus und hockt apathisch herum. Selbst ein vogelkundlicher Laie kann sofort erkennen, dass es einem solchen Tier nicht gut geht.

Haussperlinge sind auch beim Baden erfinderisch: Einige nutzten dafür nasse Salatköpfe auf einem Feld, andere badeten im Pulverschnee oder ließen sich gar am Strand von sachten Wellen überspülen. Das Baden unter einem rotierenden Rasensprenger wurde bereits auf Seite 26 beschrieben. Gebadet wird übrigens stets gemeinsam, so wie Spatzen grundsätzlich alles als »Aktionsgemeinschaft« tun. Ihr Leben ist stark synchronisiert, es herrscht sozusagen Gruppenzwang in der Spatzengesellschaft: So gut wie niemals wird man daher erleben, dass innerhalb eines Schwarms einige Vögel ein Sandbad nehmen oder im Wasser planschen, während andere Nahrung suchen und ein dritter Teil ruht oder sich zum Chorgesang versammelt. Dabei erinnert das Verhalten im Wasser badender Spatzen oft an das ausgelassene Herumtollen von Kindern oder beim Sandbaden an eine Beachparty, bei der manche Vögel übermütig mit herumfliegenden Federn oder anderen Gegenständen herumspielen. Auf jeden Fall ist es stets sehr erheiternd, den kleinen Gesellen bei ihrem genussvollen Treiben zuzuschauen.

Manchmal erlebt man dabei Überraschendes: Ein Vogelkundler beobachtete einen Trupp Spatzen dabei, wie sich die Vögel mit dem Schnabel Ameisen ins Gefieder steckten. Dieses Verhalten, das sogenannte Einemsen (Emse = veralteter Name für Ameise), ist von manchen anderen Vogelarten wie etwa dem Eichelhäher bekannt und dient wohl im Wesentlichen der Abwehr von Parasiten durch Ameisensäure, die die Insekten aus ihrem Hinterleib zur Gegenwehr verspritzen. Manche Vögel hocken sich einfach mit gespreizten Flügeln und aufgeplustertem Gefieder in einen Ameisenhaufen und provozieren so eine ätzende Ganzkörperbehandlung (passives Einemsen). Andere nehmen Ameisen mit dem Schnabel auf und reiben sich damit gezielt bestimmte Gefiederpartien ein. Offenbar hatten sich im beobachteten Fall die Spatzen dieses Verhalten bei anderen Vögeln abgeschaut und nachgeahmt, möglicherweise ohne genau zu wissen, wozu es eigentlich gut sein soll, denn sie zeigten ansonsten keine für das Einemsen typischen Haltungen und Bewegungen. Zum festen Verhaltensrepertoire der Spatzen gehört das Einemsen jedenfalls nicht, doch ist dies ein weiterer Beleg für ihre ausgeprägte Neugier und hohe Lernfähigkeit durch Nachahmung.

Die Spatzen pfeifen's von den Dächern

Nun, als Pfeifen kann man die Lautäußerungen der Spatzen sicherlich nicht bezeichnen, aber ihr scheinbar unablässiges Getschilpe, das etwa eine Viertelstunde vor Sonnenaufgang beginnt, ist wahrlich nicht zu überhören. Der große Zoologe Alfred Brehm, bekannt für seine oft vermenschlichende und wertende Beschreibung der Tiere, schrieb über die Lautäußerungen der Spatzen: »Er ist ein schrecklicher Schwätzer und ein erbärmlicher Sänger. Trotzdem schreit, lärmt und singt der Sperling, als ob er mit der Stimme einer Nachtigall begabt wäre ...« Als gesellige, sozial lebende Vögel verfügen Spatzen über zahlreiche verschiedene Rufe, die jeweils unterschiedliche Funktionen haben.

Wie es sich für echte Singvögel gehört (siehe Seite 11), haben sie auch einen Gesang, der zugegebenermaßen für uns Menschen nicht wirklich schön und melodisch klingt, aber seinen Zweck erfüllt: Anders als bei vielen anderen Vogelarten verteidigt das Männchen damit allerdings kein ausgedehntes Brutrevier, sondern nur den eigentlichen Brutplatz, denn Spatzen lieben auch bei Brut und Jungenaufzucht die Gesellschaft von ihresgleichen. Weiterhin soll der Gesang, in Verbindung mit bestimmten körperlichen Attributen (siehe Seite 49), Eindruck auf die Weibchen machen. Die Gesänge und auch viele Rufe klingen beim Haussperling und Feldsperling oft ähnlich, zumindest für den menschlichen Beobachter, sodass selbst versierte Vogelstimmenkenner mitunter einen Blick durchs Fernglas werfen müssen, um zu erkennen, welche Art dort gerade tschilpt. Auf Seite 44 sind die wichtigsten Lautäußerungen und ihre jeweilige Bedeutung vergleichend in einer Art Wörterbuch »Spätzisch – Deutsch« zusammengestellt.

Das uns so vertraute Tschilpen besteht aus einer ganzen Reihe unterschiedlicher Laute, die beim Haussperling wie *tschilp, schielp, tschirp, tschirrip, tschirrep* oder ähnlich klingen. Beim Feldsperling hören sich die einzelnen Laute meist kürzer und »verwaschener«, vokalloser an, etwa wie *tschep, tschlp oder tschl*. Die Tonhöhe und die Anordnung der Elemente, von denen jedes Individuum ein größeres Repertoire besitzt, variieren von Vogel zu Vogel erheblich. Was sich für unsere Ohren relativ einfach anhört, ist in Wirklichkeit so einfach nicht: Wenn man die Laute mit einem bestimmten digitalen Verfahren, der Sonagrafie, schwarz auf weiß in Form sogenannter Sonagramme, mitunter auch als Klangspektrogramme bezeichnet, darstellt, sieht man, dass sie recht komplex aufgebaut sind. Detaillierte Studien ergaben, dass sowohl individuelle Merkmale als auch Stimmungen in unterschiedlichen Nuancen darin codiert sein können.

Die Sperlinge

O welch' ein Geschnatter, was ist denn los?
Ach nichts, es haben die Sperlinge bloß
Bürgerversammlung auf Nachbars Zaun,
wohl an dreihundert sind dort zu schaun!

Die höchsten Interessen der Sperlingschaft
bereden sie dort mit großer Kraft:
Wie die Erbsen stehn und der Kopfsalat
und was sich sonst ereignet hat im Staat.

Ein Jeder schnattert auf seinem Zweig,
sie reden alle und reden zugleich,
sie jilpen und schilpen und machen Skandal
und zetern, als hätten sie Reichstagswahl!

Mit einmal reckt sich auf seinem Platz
ein Alter und warnt: »Terr, terr, die Katz!«
Hurr, burr, sind sie mit einmal fort
und Nachbars Katze hat das Wort!

Heinrich Seidel

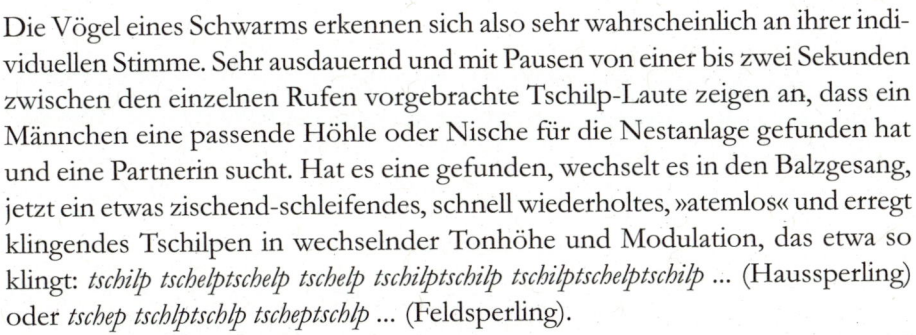

Die Vögel eines Schwarms erkennen sich also sehr wahrscheinlich an ihrer individuellen Stimme. Sehr ausdauernd und mit Pausen von einer bis zwei Sekunden zwischen den einzelnen Rufen vorgebrachte Tschilp-Laute zeigen an, dass ein Männchen eine passende Höhle oder Nische für die Nestanlage gefunden hat und eine Partnerin sucht. Hat es eine gefunden, wechselt es in den Balzgesang, jetzt ein etwas zischend-schleifendes, schnell wiederholtes, »atemlos« und erregt klingendes Tschilpen in wechselnder Tonhöhe und Modulation, das etwa so klingt: *tschilp tschelptschelp tschelp tschilptschilp tschilptschelptschilp ...* (Haussperling) oder *tschep tschlptschlp tscheptschlp ...* (Feldsperling).

Naturgemäß lassen die Vögel ihre Tschilp-Konzerte am häufigsten und mit der größten Intensität und Ausdauer während der Brutzeit von etwa Mitte März bis in den Sommer hinein erklingen. Im Spätsommer, vor allem während der Mauser, ist es kaum, ab Herbst wieder häufiger zu hören, vor allem in den Morgenstunden als Chorgesang (siehe Seite 45). Als Einzelelement werden Tschilp-Laute bei vielen Gelegenheiten geäußert.

Wie die meisten Vogelarten verfügen auch Spatzen über eine ganze Reihe von Rufen, die weniger komplex sind als der Gesang und in bestimmten Situationen geäußert werden, zum Beispiel als Warnrufe, Flugrufe oder sogenannte Stimmfühlungslaute, mit denen die Vögel untereinander Kontakt halten. Es gibt spezielle Rufe, mit denen sich Brutpartner begrüßen oder zur Paarung auffordern, Drohlaute in unterschiedlicher Intensität – diese in der Regel verbunden mit bestimmten Körperhaltungen und Bewegungen –, Angstschreie und verschiedene Laute, die der Kommunikation zwischen Jungvögeln und ihren Eltern dienen, um nur die wichtigsten zu nennen.

Viele Rufe von Haussperling und Feldsperling hören sich für das menschliche Ohr oft verwirrend ähnlich an, nur anhand ihrer sehr verschiedenen Stimmfühlungslaute und Flugrufe sind beide Arten auch akustisch sicher zu unterscheiden. Auch innerhalb einer Art klingen manche Laute mit offensichtlich unterschiedlicher Bedeutung – erkennbar an den unterschiedlichen Situationen, in denen sie geäußert werden – für uns Menschen oft sehr ähnlich. In den entsprechenden Sonagrammen erkennt man jedoch Unterschiede, die mit lautmalerischen Umschreibungen nicht wiederzugeben sind. Beispiele hierfür finden sich zum Beispiel im »Handbuch der Vögel Mitteleuropas« (siehe Seite 182).

Vögel können sich je nach Situation sehr differenziert ausdrücken, wie das Beispiel der Alarmrufe des Feldsperlings beim Auftauchen eines fliegenden Greifvogels zeigen soll: Je nach »Dringlichkeit« haben die Vögel unterschiedliche Rufe, die ein jeweils angepasstes Verhalten auslösen. So ist ein Sperber oder Falke, der weit entfernt entdeckt wurde, noch nicht direkt gefährlich, muss jedoch im Auge behalten werden. Nähert sich der Feind, wird auch das entsprechend mitgeteilt, und greift er an, hat das sofortigen Alarm zur Folge. Die jeweils unterschiedlichen Rufe des Feldsperlings lassen sich etwa so übersetzen:

- *Tschrüü:* Fliegender Feind gesichtet, aber weit weg. Im Auge behalten.
- *Krüühtät:* Achtung – Feind nähert sich! Erhöhte Aufmerksamkeit, fluchtbereit halten!
- *Tät tätät:* Luftalaaarm! Feind greift an!! Alle Mann in Deckung – rette sich, wer kann!!!

Auf diese Weise können die Vögel – und ebenso viele andere Tiere – stets adäquat reagieren und sparen sich beispielsweise eine Energie zehrende Flucht, wenn diese gar nicht nötig ist. Vermutlich werden sie sogar mitteilen, um welchen Feind es sich handelt, etwa den für alle Kleinvögel sehr gefährlichen Sperber oder einen eher ungefährlichen Bussard, der überwiegend Mäuse fängt. Interessanterweise weicht der sogenannte Luftalarmruf der Spatzen von dem entsprechenden Ruf vieler anderer Singvögel ab, einem gedehnten, sehr hohen, fast tonlosen und kaum zu ortenden *Siiiieh,* den man bei so unterschiedlichen Arten wie Amseln, Rotkehlchen oder Goldammern in ähnlicher Form findet. Spatzen verstehen diesen Ruf aber offenbar auch und reagieren entsprechend.

Wieder andere Alarmrufe verwenden Spatzen und auch andere Vögel, um vor Fuchs, Marder oder Katze zu warnen. Auch diese sogenannten Bodenfeindalarmrufe können in Art und Intensität variieren – je nach Situation und sogar individuellem Feind. Das konnte mein Kollege Ralph Müller regelmäßig an Amseln und verschiedenen Katzen, die den Vögeln individuell bekannt waren, in seinem Garten beobachten: Eine als geschickte Jägerin bekannte und gefürchtete Katze wurde stets mit heftigem Alarm bedacht, bei einem dicken Kater, der sich nur für Dosenfutter interessierte und ansonsten am liebsten faul in der Sonne döste, reagierten die Vögel kaum. Eine dritte Katze, die immerhin gelegentlich jagte, wurde mit mäßigem Alarm angekündigt. Die komplexe Kommunikation der Spatzen zeigt ein weiteres Mal die Leistungsfähigkeit des sprichwörtlich kleinen, angeblich primitiven »Spatzenhirns«.

Spätzisch – Deutsch: Die wichtigsten Lautäußerungen und ihre Bedeutung

Haussperling	Funktion / Übersetzung	Feldsperling
tschilp schielp tschirp tschep tschlp tschl tschirripp tschili ...	**Werbegesang:** »Biete gemütlichen Nistplatz, suche schöne Frau!«	*tschlp tschep ...*
tschilp tschelptschelp tschelp tschilptschilp ...	**Nestgesang:** »Bin ein toller Mann und Vater – Hände weg von meiner Frau!«	*tschep tschlptschlp tscheptschlp ...*
schilp	**Stimmfühlung:** »Hier bin ich, wo bist du?«	*teck* oder *tschett*
schep-schep	Kontaktruf, um fliegende Artgenossen zum Landen zu animieren	*schett-schett*
tschielp / zwit oder *zjet*	**Abflugstimmung / Abflug:** »Ich will abfliegen.« / »Ich fliege gerade ab.«	*plui* oder *uik*
tschuip oder *dschlui*	Stimmfühlung während des Fluges	*teck* oder *tschett*
gä(ng), wäd / chwäd	**Ärger / Drohung:** »Ich bin sauer!« / »Ich bin stärker als du! Hau ab, oder es setzt was!«	*gä(ng), wäd / chwäd, grack gräck*
terrr tetterterr ...	**Erregung:** »Achtung – mögliche Gefahr oder suspekte Situation!«	*tarr, trrr terrrr ...*
tät tärrtät tätät ...	Hassen, zum Beispiel auf eine sitzende Eule: »Hau ab, du blöde Eule!«	*tärrt tärrt tätätät ...*
kew kew! kwer kwer tsereng terrettett!	**Bodenfeindalarm:** »Achtung Katze / Fuchs / Hund!«	*tätät tätetärrt!*
drüüü	**Luftfeindalarm:** »Achtung Sperber / Falke im Anflug!«	*tschrüü krüühtät tät tätä*
schriii schriii!	**Angstruf:** »Hilfe, ein Feind hat mich gegriffen! Habe Angst!!«	*krätsch! kräätsch!*
dji dji dji dji ...	Paarungsaufforderung des Weibchens	*psihiehiesissihie!*
iag iag iag ...	Begattungsruf des Männchens	*wlüg wlüg wlüg ...*

Frei lebende Haussperlinge sind sogar in der Lage, Alarmrufe von Staren und Amseln zu kopieren. Doch nicht nur das: Ein Männchen bereicherte seinen Gesang mit den Rufen von Feldsperling und Grünfink, und ein Jungvogel gefiel sich darin, minutenlang ein für Spatzen untypisches halblautes, mit Pfeiftönen durchsetztes Gezwitscher vorzutragen. Von Hand aufgezogene Spatzen beider Arten erweisen sich zudem als sehr gelehrige Gesangsschüler, die zum Beispiel den rollenden Triller eines Kanarienvogels nachzuahmen vermögen. Weitgehend in Vergessenheit geraten ist, dass es bis ins 19. Jahrhundert hinein in der Bevölkerung ein beliebter Zeitvertreib war, jungen Sperlingen durch geduldiges Vorpfeifen einfache Melodien beizubringen. Ein Spatz ist deswegen noch lange keine Nachtigall, aber durchaus fähig, in einem gewissen Rahmen seinen Gesang durch Lernen zu erweitern.

Spatzen sind eben echte Singvögel, die regelmäßig sogar im Chor singen: Der sogenannte Chorgesang, ein entspannt und »zufrieden« klingendes Schwatzen, an dem sich der gesamte Spatzenschwarm beteiligt, dient wohl vor allem dem Zusammenhalt der Gruppe. Gemeinsames Tschilpen stärkt offensichtlich das Gruppengefühl. Dabei werden viele verschiedene Laute in wechselnden Variationen aneinandergereiht. Gisela Deckert gibt hierfür in ihrer Monografie über den Feldsperling folgende lautmalerische Umschreibung: *schiep schilp tschrüb schelp grig tät tert terret tarr tetet tschrü krü tet schip schilp plui gäg schilip schiap krätsch ...*

Interessant dabei ist, dass auch Laute dabei sind, die einzeln und in einem bestimmten Kontext eine festgelegte Bedeutung haben, etwa als Warnlaute. Es scheint, als ob die Vögel beim Chorgesang, der in entsprechender Form auch beim Haussperling vorkommt, ihr gesamtes Lautrepertoire durchspielen. Ob dabei auch Botschaften ausgetauscht werden, ist nicht bekannt. Aber wer weiß – vielleicht diskutieren die Spatzen die Ereignisse des Tages oder erzählen sich Geschichten ... zutrauen möchte man es diesen erstaunlichen Vögeln.

Drum prüfe, wer sich ewig bindet

Der Höhepunkt des Spatzenjahres ist – wie bei allen Vogelarten – die Brutzeit, die sich in Mitteleuropa vom März bis in den Hochsommer hinein erstreckt und Balz, Verpaarung, Nestbau, Bebrütung des Geleges und Jungenaufzucht umfasst. Auf der Südhalbkugel haben die Vögel ihren Lebensrhythmus den dortigen Jahreszeiten angepasst und brüten ebenfalls im Sommerhalbjahr, wenn es bei uns Herbst und Winter ist. Spatzen ziehen für gewöhnlich in einer Saison sogar drei Bruten auf. Während andere Vögel wie etwa die Amsel, die Kohlmeise oder das Rotkehlchen zur Brutzeit ein mehr oder weniger großes Revier beanspruchen, das sie mit intensivem Gesang und notfalls auch mit vollem Körpereinsatz gegen Artgenossen verteidigen, können Spatzen auf derlei kräftezehrende Aktivitäten verzichten: Die geselligen Vögel bilden in der Gemeinschaft mit ihresgleichen mehr oder weniger kopfstarke Brutkolonien und beanspruchen lediglich einen Brutplatz mit einem kleinen »Diskretionsabstand« von wenigen Dezimetern für sich. Einzelbruten sind beim Haussperling nur in Ausnahmefällen zu beobachten, häufiger dagegen beim Feldsperling, dies vor allem abseits von menschlichen Siedlungen, wo geeignete Bruthöhlen oft rar sind.

Brutgemeinschaften sind sehr ortstreu und halten das ganze Jahr über am Koloniestandort fest, schließen sich allenfalls im Spätsommer mit Artgenossen benachbarter Kolonien zu Schwärmen zusammen, um auf den Feldern der Umgebung Nachlese bei der Getreideernte zu halten (siehe Seite 76). Bereits im Frühherbst kehrt jeder Spatzenschwarm zu seinem Lebensmittelpunkt zurück. Zu dieser Zeit beginnen die ersten Vögel damit, potenzielle Nistplätze zu inspizieren. Meistens handelt es sich dabei um Männchen, die zuvor Frau und Heim verloren hatten, oder um ältere, noch unverpaarte »Spätzünder«. Manchmal schon ab Januar oder noch früher halten sie sich dort morgens einige Stunden auf, singen, vertreiben männliche Konkurrenten und buhlen um ein Weibchen. Junge Männchen beginnen damit meist erst im Laufe des Frühjahrs, denn erst im Alter von knapp einem Jahr – beim Feldsperling mit sieben bis neun Monaten deutlich früher – werden die Vögel geschlechtsreif. Andererseits wurden schon männliche Jungvögel beobachtet, die sich bald nach dem Ausfliegen für mögliche Nistplätze interessierten – auch wenn diese meist bereits von älteren Kollegen besetzt waren. Denn damit kann man in Spatzenkreisen nicht früh genug beginnen: Um überhaupt Chancen bei den Weibchen zu haben, muss ein Spatzenmann ein geeignetes, sicheres Plätzchen zur Anlage des

Haussperlinge sind sehr gesellige Vögel.

Nestes vorweisen können. Die Damen sind da durchaus anspruchsvoll, denn der einmal gewählte Brutplatz wird zumindest beim Haussperling – Feldsperlinge scheinen in dieser Hinsicht etwas flexibler zu sein – nach Möglichkeit ein Spatzenleben lang beibehalten, solange er nicht zerstört oder in seltenen Fällen von konkurrierenden Artgenossen erobert wird. Die Brutplatztreue gilt aber wohl nur unter ungestörten Verhältnissen: Störungen am Nest, zum Beispiel durch Wissenschaftler, die eben diese Brutplatztreue oder auch andere brutbiologische Fragestellungen untersuchen wollen und die Vögel dafür mit farbigen Ringen markieren und öfter ins Nest schauen, führen oft dazu, dass die Vögel andere, besser geschützte Nistplätze wählen.

Haussperlinge bevorzugen Nischen und Hohlräume an Gebäuden. Auch dort zeigen die Vögel eine enorme Anpassungsfähigkeit hinsichtlich der Neststandorte und der Nutzung aller auch nur annähernd geeigneten Strukturen im Umfeld des Menschen: Typische Nistplätze sind etwa Hohlräume unter Dachziegeln oder hinter Regenrinnen, Öffnungen zwischen Hauswand und Dach, Halterungen von Regenfallrohren, Gerüstlöcher und Mauerlücken, Lüftungsschlitze und Hohlräume hinter Verschalungen, Firmenschildern oder Leuchtbuchstaben. Auch dichtes Fassadengrün wie Efeu oder Wilder Wein beherbergt oft zahlreiche Nester – übrigens nicht nur von Spatzen. Wo geeignete

Nistmöglichkeiten fehlen, nehmen die Vögel auch künstliche Nisthilfen an (siehe Seite 121). Mitunter fand man ganz kuriose Brutplätze, etwa in Straßenlaternen, unter der Motorhaube eines Autos, auf einem fahrenden Brückenkran oder in einer Erdölförderpumpe (Pferdekopfpumpe oder »Nickesel«), bei der sich das Nest im laufenden Betrieb ständig auf und ab bewegte. Auf Bauernhöfen besetzen Haussperlinge häufiger auch leere Mehlschwalbennester oder vertreiben gar die rechtmäßigen Besitzer. Storchenhorste beherbergen nicht selten eine ganze Spatzenkolonie als Untermieter (siehe Seite 17 und Seite 71).

Haussperlinge legen ihre Nester zum Schutz vor Katzen und anderen am Boden lebenden Feinden meist in einer Höhe von drei bis zehn Metern an, manche Vögel wollen aber auch ganz hoch hinaus: Ein Paar brütete an einem Hochhaus in 55 Meter Höhe, wobei die Tiere das Nest in mehreren Etappen von jeweils zwei bis drei Etagen mit kurzen Zwischenlandungen erreichten. Ob diese offensichtlich schwindelfreien Spatzen ihren Brutplatz in luftiger Höhe wegen der tollen Aussicht gewählt hatten, ist nicht überliefert. Feldsperlinge sind im Vergleich zu diesem außergewöhnlichen Neststandort fast Bodenbrüter, ihre Nistplätze liegen – vermutlich bedingt durch die Konkurrenz mit ihren größeren und stärkeren Verwandten – durchschnittlich tiefer als die der Haussperlinge. Weil sie aber (gern auch künstliche) Nisthöhlen mit engem Eingang bevorzugen, sind ihre Eier und Jungvögel durch am Boden lebende Feinde nicht so stark gefährdet wie die der Haussperlinge, die in leichter zugänglichen Nischen brüten und daher das Obergeschoss bevorzugen. Manche Feldsperlinge zieht es dagegen untertage: Nester wurden schon in den Bauten von Hamstern und Kaninchen gefunden und mehr als fünf Meter tief in Brunnen, selbst bei laufendem Schöpfbetrieb. Andere brüteten in verlassenen Brutröhren von Uferschwalben, die diese in Steilwände gegraben hatten, oder in Nischen von Felswänden. Mitunter legen unsere Spatzen auch gänzlich frei stehende Nester in Büschen und Bäumen an, doch dazu später mehr (siehe Seite 58).

Sicher vor Feinden, kuschelig, geschützt vor Wind, Wetter und neugierigen Blicken, ausreichend geräumig, gute Lage, nette Nachbarn – dies alles muss ein Spatzenjunggeselle bei der Wahl eines Nistplatzes berücksichtigen, bevor er auf Brautschau geht. Denn »Sie« entscheidet nachher ganz allein, ob es wirklich eine gute Wahl war. Und sie schaut sich den Bewerber ganz genau an, denn eine Ehe hält meist ein Spatzenleben lang. Er muss also alles geben, um sich und seinen potenziellen Nistplatz möglichst vorteilhaft zu »verkaufen«. Dazu gehört auch, dass »Mann« schon mal ein wenig Nistmaterial einträgt, bevor es ans Werben geht. Und dann wird mit aufgeplustertem Gefieder und ausdauerndem Getschilpe die Werbetrommel gerührt: »Biete gemütlichen Nistplatz, suche schöne Frau!« Beim Anblick mancher Weibchen legt sich der Verehrer stärker ins Zeug als bei anderen, denn bei Spatzen ist es nicht anders als bei den Menschen: Nicht jede gefällt jedem – wie auch umgekehrt. Manch besonders draufgängerisches Exemplar versucht mitunter sogar, eine schon verpaarte Spatzendame abzuwerben, indem es sie mit hängenden Flügeln und gesteltztem Schwanz verfolgt. Die Weibchen ihrerseits achten bei der Wahl ihrer Partner stark auf Äußerlichkeiten: Besonders attraktiv finden sie offenbar Männer mit stark ausgeprägtem schwarzen Brustlatz. Vogelkundler konnten durch Untersuchungen zeigen, dass sich Haussperlingsmännchen mit besonders prägnantem Brustlatz früher verpaaren, größere Hoden haben, mehr Jahresbruten aufziehen und die sichersten Brutplätze besitzen. Die Größe des Brustlatzes ist also ein äußeres Anzeichen für körperliche Fitness. Andererseits fielen überdurchschnittlich viele dieser Prachtkerle Greifvögeln wie dem Sperber zum Opfer – man kann eben nicht alles haben im Leben ...

Haben Männchen und Nistplatz das Interesse eines ledigen Weibchens geweckt, so fliegt es herbei, um beide näher zu inspizieren. Der Spatzenmann tschilpt nun nach Leibeskräften, macht sich groß mit aufgeplustertem Gefieder und erhobenem Kopf, präsentiert mit vorgewölbter Brust den schwarzen Latz, der während des Singens gesträubt und damit optisch vergrößert wird, und zeigt mit leicht abgestellten Schwingen auch die weißen Flügelbinden. Dabei hüpft er mitunter wie ein mechanisches Spielzeug mit steifen Verbeugungen um das Weibchen herum – was für ein toller Kerl er doch ist!

Nun will »Sie« aber auch den potenziellen Nistplatz prüfen, den das Männchen ihr zeigt, indem es mit ein paar trockenen Halmen im Schnabel einschlüpft. Was anschließend passiert, darin unterscheiden sich Haussperling und Feldsperling fundamental: Ein Haussperlingsweibchen, das den Nistplatz inspizieren möchte, wird vom Männchen nicht etwa freudig begrüßt: Im Gegenteil – es reagiert aggressiv, hindert die mögliche Partnerin am Einschlüpfen, hackt nach ihr, beißt und verjagt sie. Kein guter Anfang für eine lebenslange Liebesbeziehung, möchte man meinen. Doch eine Haussperlingsfrau, die es ernst meint, lässt sich nicht so leicht einschüchtern. Sie kehrt bald zu dem Grobian zurück, der derweil intensiv tschilpend in seiner Halbhöhle oder Nische auf die Rückkehr der Umworbenen wartet. Manche Weibchen verhalten sich ängstlich, andere möglichst unauffällig, und wieder andere dringen dreist und unerschrocken ein, wehren sich mit Schnabelhieben gegen die Attacken der Männchen und wenn ihnen die Behausung gefällt, dann bleiben sie. Damit ist der Bund fürs Leben geschlossen. Offenbar bevorzugen die selbst nicht gerade feinfühlig agierenden Männer gerade solche eher rustikalen Partnerinnen, die damit ihre körperliche Fitness, ihre Durchsetzungskraft und ihren Mut unter Beweis stellen – nicht die schlechtesten Eigenschaften für die anstrengende Aufzucht der gemeinsamen Jungen. Weil die entsprechenden Gene weitervererbt werden, bekommt der Nachwuchs somit beste Voraussetzungen für sein Überleben und das Überleben der Spatzensippe insgesamt.

Bei den Feldsperlingen verhält sich das Männchen wesentlich galanter, es lädt eine mögliche Partnerin freundlich ein, hindert sie jedenfalls nicht am Einschlupf. Fliegt sie weg, begleitet er sie ein Stück im sogenannten Werbeflug. Kehrt sie zurück, wiederholt sich die Zeremonie: Durch mehrfaches Ein- und Ausschlüpfen versucht das Männchen, der Umworbenen seine Behausung zu zeigen und sie zur Inspektion zu animieren. Mitunter zeigt es zu diesem Zweck auch einen schmetterlingshaft wirkenden Schauflug mit stark verlangsamten, weit ausholenden Flügelschlägen, allerdings nicht kreisend wie beim Grünfink oder beim Girlitz. Stattdessen fliegt es auf diese Weise ein kleines Stück vom potenziellen Brutplatz weg und zurück. Wenn der Feldsperlingsdame zwar das Männchen gut gefällt, nicht aber die von ihm ausgewählte Nisthöhle, kann es vorkommen, dass das Paar gemeinsam nach einem geeigneteren Plätzchen für das zukünftige Heim sucht. Allerdings haben Männchen, die nur eine suboptimale Immobilie zu bieten haben, generell schlechtere Karten beim anderen Geschlecht, denn die Weibchen inspizieren in der Regel mehrere Bewerber und ihre Behausungen.

Hier stellt sich die Frage, wie und woran sich bei den Feldsperlingen die Geschlechter eigentlich erkennen. Denn im Gegensatz zum Haussperling, wo Männchen und Weibchen deutlich verschieden gefärbt sind, sehen beim Feldsperling die Geschlechter vollkommen gleich aus – zumindest für das menschliche Auge. Dass dies für das Auge des Vogels nicht zutreffen muss, zeigt das Beispiel der Blaumeise. Auch bei ihr kann ein Beobachter die Geschlechter allenfalls am Verhalten, besonders am Gesang, nicht jedoch an der Gefiederfärbung unterscheiden. Blaumeisen untereinander können das sehr wohl, denn wie die meisten Vögel sind sie im Gegensatz zum Menschen in der Lage, ultraviolettes Licht wahrzunehmen. Inzwischen weiß man: Die blauen Gefiederpartien des Männchens, besonders auf dem Scheitel, leuchten ultraviolett, die des Weibchens sind einfach nur blau. Ob es bei den Feldsperlingen ähnliche Unterschiede gibt, die nur die Vögel selbst wahrnehmen können, ist bislang nicht bekannt. In jedem Fall erkennen sich die Geschlechter am Verhalten:

Szenen einer Ehe: Balz und Paarung sind bei Spatzen sehr auffällig.

Ein paarungsbereites Weibchen reagiert auf die Annäherungen eines erregten Männchens weder mit Drohgebärden noch zögerlich oder mit Fluchtverhalten, wie es ein Geschlechtsgenosse tun würde. Es nähert sich ihm furchtlos und setzt sich häufig wie selbstverständlich neben es oder schlüpft gleich ein, um das neue Heim zu besichtigen. Für das Männchen bedeutet das: Wer sich so verhält, kann kein Rivale sein. Einmal verpaart, erkennen sich die Partner individuell am Aussehen und an der Stimme. Von Hand aufgezogene Feldsperlinge – und auch Haussperlinge – erkennen verschiedene ihnen vertraute Menschen ebenfalls am Gesicht und wohl auch an der Stimme und reagieren wie in einem Spatzenschwarm unterschiedlich auf bestimmte Bezugspersonen.

Unterschiede im Balzverhalten, in der Gefiederfärbung und in der Stimme verhindern in aller Regel, dass sich beide Arten – Haussperling und Feldsperling – miteinander kreuzen. In ganz seltenen Fällen passiert dies dennoch, ohne dass man die genauen Ursachen hierfür kennt. Ein solches zwischenartliches Techtelmechtel bleibt langfristig ohne Folgen, denn die Nachkommen sind wie alle Hybriden unfruchtbar.

Neben der beschriebenen Einzelbalz gibt es – beim Haussperling regelmäßig, viel seltener beim Feldsperling – die sogenannte Gruppenbalz. Sie beginnt als rasante, lärmende Verfolgungsjagd, bei der mehrere Männchen laut tschilpend hinter einem einzelnen Weibchen herfliegen, um es anschließend am Boden oder in dichtem Gebüsch zu stellen. Dort umringen sie es mit erregtem Balzverhalten und versuchen abwechselnd, das Weibchen in der Kloakenregion zu picken und mit ihm zu kopulieren. Das Weibchen tut alles, um dies zu verhindern, presst den Schwanz eng gegen den Boden oder einen Ast, dreht sich im Kreis und hackt, pickt und beißt nach den zudringlichen Verehrern. In einer solchen Situation lassen die sonst so aufmerksamen Vögel oft jegliche Vorsicht und Zurückhaltung vermissen. Nach ein bis zwei Minuten oder schon wesentlich früher verliert das wilde Treiben an Intensität, meistens ohne dass es zu einer Kopulation kam, und die Männchen fliegen nacheinander fort. Das mit dem beteiligten Weibchen verpaarte Männchen bleibt bis zum Schluss an seiner Seite. Teilnehmer einer solchen Gruppenbalz sind stets nur ein einzelnes, fortpflanzungsbereites Weibchen als Objekt der Begierde, dessen angetrauter Partner sowie weitere wohl überwiegend bereits verpaarte Männchen, ganz besonders solche mit großem Brustlatz – Sexprotze sozusagen. Ausgelöst wird das wilde Treiben, wenn ein Weibchen, vom Partner für einen Augenblick aus den Augen gelassen, an einem oder mehreren anderen Männchen vorbeifliegt und ihm eines davon mit schrillem *jiek* (Verfolgungsruf) nachsetzt. Das animiert andere Männchen, sich der Verfolgungsjagd mit anschließender Gruppenbalz anzuschließen. Welche Bedeutung dieses Verhalten hat, ist unklar. Wissenschaftler diskutieren verschiedene Funktionen: Es könnte der sexuellen Stimulierung des Weibchens oder aller beteiligten Vögel dienen, es könnte auch helfen, das Brutgeschehen innerhalb der Spatzengruppe zu synchronisieren. Vielleicht, so andere Vermutungen, ist es ein bedeutungslos gewordenes ritualisiertes Überbleibsel eines früheren Verhaltens mit männlicher Verfolgungsjagd oder erhöht die Chance auf Fremdkopulationen – Letzteres ist eher unwahrscheinlich, da es bei der Gruppenbalz kaum zu Kopulationen kommt. In jedem Falle tritt die Gruppenbalz am häufigsten und intensivsten während der Fortpflanzungsperiode auf, aber – teilweise in rudimentärer Form – auch außerhalb dieser Zeit. Als sogenannte Übersprunghandlung zum Abbau großer Anspannung wurde die Gruppenbalz gelegentlich auch nach Ereignissen beobachtet, die für die Vögel aufregend waren, sei es, dass ein niedrig fliegender Hubschrauber die Spatzen erschreckt hatte oder sie durch gemeinschaftliches Hassen (aggressives Anzetern mit Scheinangriffen) erfolgreich eine anschleichende Katze vertrieben hatten.

Beim Feldsperling kommt eine solche Gruppenbalz unter Beteiligung mehrerer Männchen nur ausnahmsweise vor, häufiger aber eine spezielle Form der Balz, die sogenannte Paradebalz, bei der ein Männchen ein Weibchen nach heftiger Verfolgungsjagd, die in einem Busch, einer Hecke oder auf dem Boden endet, anbalzt. Es nähert sich dabei dem Weibchen mit schnellen Trippelschritten in enger werdenden Halbkreisen, wendet sich nach links und rechts, duckt sich, richtet sich wieder auf und hüpft schließlich balzend um die Spatzendame herum, die, wenn sie nicht nochmals flieht und sich das Ganze wiederholt, nach dem Männchen hackt und es auch beißt, wenn es zu nahe kommt und eine Kopulation versucht. Interessanterweise richtet sich die Paradebalz eines Feldsperlingsmannes fast nie an seine eigene Partnerin, sondern an eine schöne Nachbarin, die, sofern sie selbst verpaart ist, die Avancen regelmäßig und nachdrücklich ausschlägt. Das Ganze dient wohl der sexuellen Stimulation, frei nach dem Motto: »Appetit kannst du dir woanders holen, aber gegessen wird zuhause!«

Andererseits – mit der ehelichen Treue bis in den Tod nehmen es Spatzen denn doch oft nicht so genau: Anhand genetischer Analysen konnten Wissenschaftler nachweisen, dass Seitensprünge regelmäßig vorkommen. Die Weibchen lassen sich in einem unbeobachteten Moment schon mal mit einem fremden Lover ein, vorzugsweise einem mit ausdrucksvollem, großem Brustlatz. Diese sexy Typen sind nicht immer die besten Versorger für die Brut, aber diejenigen mit besonders »guten« Genen. Den dominanten Macho für die Gene, den sanften Softie als treu sorgenden Ehemann und Vater, was will Spatzenfrau mehr? Dass solches auch in der Menschenwelt nicht ganz unbekannt ist, wusste schon der US-amerikanische Schriftsteller und Theaterautor Tennessee Williams (1911–1983): »Frauen lieben die Besiegten, aber sie betrügen sie mit den Siegern.«

Auch Bigynie kommt häufiger vor: Verliert ein Weibchen seinen Partner, kümmert sich ein anderes Männchen nicht nur um seine eigene Angetraute, sondern auch um die Witwe. Diese wiederum lässt sich nur höchst selten mit einem Fremden ein, sondern vertraut lieber dem netten Nachbarn von nebenan, behält aber in der Regel ihren eigenen Brutplatz. Dessen Frau wiederum sieht das manchmal gar nicht gern und zerstört das Gelege der Nebenbuhlerin oder tötet gar deren Jungen, wenn sie weiß, dass ihr eigener Gatte der Vater ist – umgekehrt verhält sich auch die Nebenbuhlerin mitunter so. Häufiger aber ziehen beide Weibchen friedlich nebeneinander und mithilfe des Männchens ihre Brut auf. Es wurden auch schon Männchen beobachtet, die mit drei Weibchen verpaart waren. Übernimmt ein Spatzenmann ein verwitwetes Weibchen, das noch brütet oder kleine Junge zu versorgen hat, kann es vorkommen, dass das Männchen die fremden Eier oder Jungvögel aus dem Nest wirft und mit dem neuen Weibchen ein neues Gelege zeugt. Durch dieses uns vielleicht grausam erscheinende Verhalten, das zum Beispiel auch vielen Säugetieren wie etwa Löwen zu eigen ist, versichert sich das Männchen seiner Vaterschaft. Untersuchungen beim Haussperling zeigten, dass neun bis zwölf Prozent der Jungenverluste darauf zurückgingen, dass Männchen oder Weibchen Jungvögel der eigenen Art töteten. Eine Spatzenfrau hat allein schon aus diesem Grund ein Interesse daran, ein Männchen möglichst eng und dauerhaft an sich zu binden.

Das Ideal der lebenslangen Treue ist bei Spatzen ohnehin relativ: Die Vögel können zwar theoretisch ein recht hohes Alter erreichen – der älteste bekannte beringte Feldsperling wurde 13 Jahre alt, ein Haussperling brachte es gar auf fast 20 Jahre –, doch sterben die meisten wesentlich früher: Ihre Lebenserwartung im Freiland beträgt durchschnittlich weniger als zwei Jahre, unter günstigen Umständen drei bis vier Jahre. Viele kommen im Straßenverkehr um, verhungern oder fallen natürlichen Feinden wie Katzen, Mardern, Eulen oder Greifvögeln zum Opfer. Vor allem der Sperber, ein ausgesprochener Kleinvogeljäger, erbeutet im Siedlungsraum bevorzugt Sperlinge. So ist es nur wenigen Paaren vergönnt, wenigstens zwei Jahre hintereinander gemeinsam ihre Jungen aufzuziehen, weil für gewöhnlich mindestens einer von beiden vorher ums Leben kommt und sich der übrig gebliebene Partner oder die Partnerin neu verpaaren muss. An geeigneten Kandidaten oder Kandidatinnen besteht offenbar kein Mangel: Bei sukzessivem Abschuss von Einzelvögeln an ihren Brutplätzen fanden die solchermaßen verwitweten Vögel kurzfristig, innerhalb weniger Tage oder sogar noch am selben Tag, bis zu siebenmal hintereinander ein neues Weibchen oder Männchen. Derart drastische Methoden wenden wissbegierige Forscher heutzutage glücklicherweise nicht mehr an. Auf jeden Fall scheint es in einer Spatzenkolonie immer eine beträchtliche Brutreserve zu geben, also Vögel, die aus irgendeinem Grund zeitweilig nicht am Brutgeschehen teilnehmen.

Das wilde Leben des Spatzen »Grün«

Gisela Deckert beschreibt in ihrer 1973 erschienenen Monografie über den Feldsperling die wechselvolle Lebensgeschichte des männlichen Vogels »Grün«, der wie seine Schwarmgenossen durch farbige Ringe individuell gekennzeichnet war:

»1956 als Brutvogel beringt, zog er in diesem Jahr wahrscheinlich stets mit demselben Weibchen drei Bruten im gleichen Nest auf. 1957 brütet ›Grün‹ wieder in derselben Höhle (unter einem Ziegeldach), übernimmt noch das verwitwete Nachbarweibchen, dessen Nest zwei Meter von seinem entfernt liegt. Er hilft hauptsächlich der Witwe beim Nestbau, aber nur das erste Weibchen bekommt die Jungen groß, die Witwe hat keine. Aber ihre zweite Brut ziehen beide Weibchen mit Hilfe von ›Grün‹ auf. Dann sind beide verschwunden. ›Grün‹ wirbt noch im Juli erneut und verpaart sich mit einer benachbarten Witwe ›Linksschwarz‹, die ihre Höhle, 20 Meter entfernt, verlässt und mit ›Grün‹ in eine seiner Höhlen zieht. Beide bauen; das Weibchen fängt aber schon an zu mausern, und es kommt keine Brut mehr zustande. Trotzdem bleibt das neue Paar zusammen, bis ›Linksschwarz‹ im Oktober plötzlich fehlt. ›Grün‹ verpaart sich bald mit der nächsten, schon fünf Mal verwitweten, mindestens dreijährigen Nachbarin ›Rot‹, die ihre Höhle 40 Meter entfernt hat. Dieses Weibchen hat gleichzeitig noch einen anderen Bewerber, und bis sie sich für ›Grün‹ entscheidet, trägt sie Federn mit dem anderen Männchen zusammen in ihr altes und mit ›Grün« zusammen in ›Grüns‹ Nest. Den ganzen Winter nächtigen sie dann beide in seinem Nest. Im Frühjahr 1958 wählt ›Rot‹ ein anderes verlassenes Nest auf halbem Weg zwischen ihrer alten und ›Grüns‹ Höhle. Sie ziehen zusammen drei Bruten erfolgreich auf und bleiben noch bis Februar 1959 zusammen, als ›Rot‹ Opfer eines Sperbers wird. Im März hat ›Grün‹ ein neues Weibchen, mit dem er wieder drei Bruten groß füttert. (Alle Nester befanden sich unter Hausdächern).«

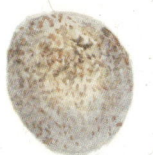 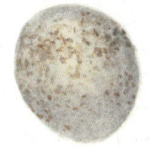 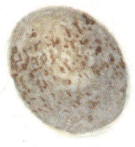

Variabel gemustert: Eier des Haussperlings

Spatzens Kinderstube

Hat sich ein Spatzenpaar gefunden, gilt es, am ausgewählten Brutplatz eine kuschelige Kinderstube einzurichten – der Nestbau steht an. Dazu wird jegliches Material verwendet, was irgend geeignet und in näherem Umkreis von 20 bis 50 Metern ausreichend verfügbar ist: Als Material für den Rohbau eignen sich zum Beispiel trockene Grashalme, Krautstängel, Moos und andere grüne Pflanzenteile, Rindenstückchen, Bastfasern und Würzelchen. Stroh ist ebenfalls sehr begehrt, und manche Vögel machen sich äußerst unbeliebt, wenn sie aus Reetdächern die für sie eigentlich viel zu großen Halme herausziehen. Daneben finden Sperlinge auch für viele andere Dinge aus der Menschenwelt wie Stoffreste, Wollfäden, Papierschnipsel, Isoliermaterial und sogar Plastikteilchen eine sinnvolle Verwendung. Fast alle Nester enthalten auch Erde oder Lehm. Ein Vogelforscher fand Feldsperlingsnester, die nur aus den langen, aber weichen Nadeln der Weymouthskiefer bestanden, einer bei uns in Wäldern und Parks gepflanzten Baumart aus Nordamerika. Was letztlich verwendet wird, richtet sich vor allem nach der Verfügbarkeit und nicht nach persönlichen Vorlieben der Vögel, sodass die Nester einer Kolonie häufig aus den gleichen Materialien bestehen. Spatzen sind sich auch nicht zu schade, Nistmaterial bei anderen Vögeln, auch bei ihresgleichen, zu stehlen, allerdings meist nicht bei direkten Nachbarn – das könnte Ärger geben ...

Insbesondere für die kuschelige Innenauskleidung sammeln die Vögel gern Flaumfedern und Tierhaare. Ausgekämmte Hundehaare und Schafwolle, die die Spatzen den Vierbeinern nicht selten direkt vom Rücken zupfen, stellen ergiebige Quellen dar, ebenso Freiland-Geflügelhaltungen, wo sich immer größere Mengen an Federn finden. Zu solch ergiebigen Sammelorten fliegen Spatzen entgegen ihrer sonstigen Gewohnheit manchmal bis zu einen Kilometer weit. Manche Taube und manch ein Sittich in einer Voliere mussten auch schon unfreiwillig Federn lassen, die ihnen die frechen Spatzen kurzerhand ausrissen. Manche Nester enthalten Hunderte oder im Extremfall sogar Tausende von Federchen. Feldsperlinge schmücken ihr Nest von Anfang an auch mit frischem Grün wie Blättern und Blüten. Eine besondere Vorliebe scheinen sie für die gefiederten Blätter der Schafgarbe zu haben. Auch der Haussperling trägt während des Brütens und in den ersten Lebenstagen der Jungen, auch bei Folgebruten, regelmäßig die Blätter von Schafgarbe und Wermut ein, deren Geruch und vielleicht auch deren weitere flüchtige Inhaltsstoffe Parasiten fernhalten sollen. Spatzen wissen also um die Wirkung natürlicher Abwehrmethoden gegen

Ein Spatzennest

Milben, Flöhe und andere Plagegeister, die vor allem den kleinen, noch hilflosen Jungvögeln arg zusetzen können. Und sie beweisen auch auf diesem Gebiet eine ungeahnte Lernfähigkeit: In Mexico-Stadt untersuchten Forscher der dortigen Universität die Nester von Haussperlingen und fanden in fast 90 Prozent von ihnen Reste von Zigarettenkippen. Was auf den ersten Blick eher ungesund erscheint, hat durchaus einen Sinn, denn die Tabakpflanze entwickelte im Laufe der Evolution den giftigen Inhaltsstoff Nikotin, um sich hungrige Raupen von den Blättern zu halten. Und dieser wirkt auch gegen andere Organismen. Die mexikanischen Forscher erkannten denn auch einen klaren Zusammenhang: Je mehr Zigarettenreste im Nest, desto weniger Milben fanden sie – eine geniale Strategie der schlauen Spatzen!

Das Nest selbst ist ein unordentlich wirkender, kugeliger und rundum geschlossener Bau mit seitlichem Einschlupf. Es entsteht, indem der Vogel eingetragenes Nistmaterial von der zukünftigen Nestmulde aus mit dem Schnabel ruckartig von sich wegschiebt, entweder vor sich her oder nach oben, so weit er reichen kann. Indem er sich im Kreise dreht und das Ganze häufig wiederholt, entstehen auf diese Weise die Seitenwände und das Dach. Mit der Zeit entsteht so ein dickwandiges, stabiles Gebilde, das die Brutnische oder Höhle oft vollkommen ausfüllt. Auch in einem geschlossenen Nistkasten wird stets ein Dach errichtet – eine Erinnerung an die ursprünglich frei stehenden Kugelnester in Büschen oder Bäumen, die man auch in Mitteleuropa heute noch gelegentlich findet. An dieser Bauweise kann man Spatzennester gut von den Nestern anderer Höhlenbrüter wie etwa der Kohlmeise unterscheiden.

Interessanterweise zeigt der Feldsperling den geschilderten Bewegungsablauf auch bei der Nahrungssuche am Boden: Laub, Rindenstückchen und andere Materialien werden ruckartig hochgeschoben, um nach darunter verborgenen Samen oder Insekten zu suchen. Der Haussperling, der die gleiche Nestbautechnik anwendet, tut das nicht: Er schleudert Blätter und Ähnliches mit dem Schnabel zur Seite, so wie es zum Beispiel auch die Amsel und viele andere Arten machen, die in der Falllaubschicht nach Nahrung suchen.

Eine weitere, unter Singvögeln weit verbreitete Nestbautechnik ist das sogenannte Strampeln: Dabei presst der Vogel seine Brust gegen die Nestwand, spreizt die Flügelbuge ab und strampelt sehr schnell mit den Beinen, beim Feldsperling wohl bis zu 16 Mal in der Sekunde. Das wiederholt er in verschiedene Richtungen. Auf diese Weise wird die Nestmulde ausgeformt und geglättet. Spatzen arbeiten stets nur von innen am Nest, was bei einem Neststandort in einer Nische oder Höhle auch gar nicht anders möglich ist. Die Größe des Nestes richtet sich nach den jeweiligen Gegebenheiten und kann beträchtlich variieren.

Auf die gleiche Weise bauen die Spatzen auch frei stehende Kugelnester, die auf einem Ast oder einer anderen festen Unterlage errichtet werden und etwa die Größe eines Fußballs erreichen. Sobald das Gebilde überwölbt ist, kann der Vogel an der Außenwand struppig herabhängende Materialien nicht mehr erreichen, und von außen an der Optik zu arbeiten, fällt ihm gar nicht ein. Nur Halme, die aus dem Eingang herausragen, werden von innen hereingezogen. Frei stehende Spatzennester sehen deshalb häufig derart liederlich aus, dass man meinen könnte, jemand habe mit der Heugabel eine Ladung Grünabfall in einen Busch oder Baum geworfen. Diese Nester erinnern an die der Webervögel, zu deren Familie sie daher früher auch gerechnet wurden (siehe Seite 11).

Hängende Nester wie bei manchen Webervogelarten findet man bei Spatzen allerdings nie und ebenso wenig Gemeinschaftsnester, bei denen alle Vögel an einem riesigen Nestgebilde bauen. Bei Sperlingen kann dieser Eindruck allerdings manchmal entstehen, wenn sich bei sehr dicht stehenden Freinestern in größeren Kolonien struppig abstehendes Nistmaterial so eng berührt, dass es miteinander verflochten erscheint. Vor allem beim Weidensperling (siehe Seite 78) ist das öfter der Fall. Doch auch wenn Spatzen gern in größerer Gesellschaft von ihresgleichen brüten, legen sie doch Wert auf eine gewisse Privatsphäre, frei nach dem Motto: »My home is my castle!« Der Bruterfolg ist in den Wind und Regen ausgesetzten frei stehenden Nestern meistens geringer als in solchen, die geschützt in Nischen oder Höhlen angelegt wurden. Deshalb findet man frei stehende Spatzennester vor allem in Gegenden mit trockenen, warmen Sommern, etwa in Südosteuropa. Doch auch in Berlin und Brandenburg soll es sie Mitte des 19. Jahrhunderts regelmäßig gegeben haben, heute sind sie dort wie überall in Mitteleuropa vergleichsweise selten. Auch in Hamburg sah ich einmal ein Haussperlingsnest in einem Straßenbaum direkt vor meinem Bürofenster.

Frei stehende Nester werden vor allem dort angelegt, wo es entweder viele Spatzen, aber nur wenige geeignete Brutmöglichkeiten an Gebäuden oder (fast nur bei Feldsperlingen) in Baumhöhlen gibt, oder wo Nester durch Bauarbeiten zerstört wurden. Andererseits legen die Vögel mitunter auch dann Freinester an, wenn genügend sonstige Brutmöglichkeiten vorhanden sind. Die Jungvögel werden, soweit bekannt, auch nicht auf einen bestimmten Brutstandort oder eine Nistweise geprägt, anders als etwa bei Wanderfalken, wo es eine Felsbrüterpopulation (die zunehmend auch an Gebäuden nistet) und eine in Mitteleuropa fast ausgestorbene Baumbrüterpopulation gibt.

Mit dem Bau des Nestes beginnen die Männchen bereits während der Balz, hierzulande meistens ab Anfang bis Mitte März. Nach der Paarbildung vollenden beide Partner das Nest gemeinsam, was sich über Wochen hinziehen kann. Denn zu Beginn lassen sich die Vögel meist viel Zeit, bei schlechtem Wetter wird die Bautätigkeit ganz eingestellt. Erstbrüter tragen das Nistmaterial häufig nur ziellos umher, bevor die Sache konkret wird. Die Bummelei können sie sich leisten, denn die ersten Eier liegen, abhängig von der Witterung, beim Haussperling in der Regel frühestens ab Ende März bis Mitte April im Nest, beim Feldsperling sogar noch ein bis zwei Wochen später. Die Jungen schlüpfen demnach erst zu einer Zeit, in der die Eltern genügend Insektennahrung für sie finden. Ging ein Nest zu fortgeschrittener Brutzeit verloren, ist ein Spatzenpaar aber auch zu fieberhafter Bautätigkeit imstande und kann in zwei bis drei Tagen für Ersatz sorgen. Wichtig ist, dass das Nest vor der Ablage des ersten Eies im Wesentlichen fertig ist. Spatzen tragen allerdings während der ganzen Legeperiode noch Baumaterial herbei und bringen auch anschließend so lange, bis die Jungen schlüpfen, oft noch ein Federchen mit, wenn ein Vogel seinen Partner beim Brutgeschäft ablöst.

Für Folgebruten im selben oder nächsten Jahr werden bestehende Nester von den brutplatztreuen Spatzen gereinigt und renoviert: Sie schaffen Kotreste und verschmutztes Nistmaterial heraus und tragen danach neues Nistmaterial ein. Freibrüter wie die Amsel bauen dagegen für jede Brut fast stets ein neues Nest. Da in der Regel nur die obere Schicht ausgeräumt wird, kann eine von Feldsperlingen mehrfach benutzte Höhle schließlich derart vollgestopft sein, dass sie sich zum Brüten nicht mehr eignet. Wohl auch deshalb hat ein Feldsperlingspaar nicht selten zwei oder drei Höhlen, die es abwechselnd oder nacheinander bezieht. Auch im Winter werden sie häufig zum Schlafen genutzt, dafür werden im Herbst mitunter sogar spezielle Schlafnester gebaut, die in der Regel – nicht immer – weniger aufwendig konstruiert sind als die Brutnester und im folgenden Frühjahr für eine zukünftige Brut ausgebaut werden können.

Während der Nestbauphase und eigentlich während der gesamten Brutzeit, vor allem vor jeder neuen Eiablage, paaren sich Spatzen regelmäßig und auffallend häufig. Schon der Schweizer Conrad Gesner, einer der berühmtesten Gelehrten seiner Zeit, ließ sich – ob entrüstet oder eher mit Bewunderung, sei dahingestellt – 1557 in seiner berühmten »Historia animalium« über das Sexualleben der Spatzen aus: »Dieser Vogel ist über die Maßen unkeusch / also dass er in einer Stunde zwantzig mahl auffsitzet / oder eines Tags dreyhundert Mahl.« Ist es zu Beginn der Fortpflanzungsperiode das Männchen, das – meist erfolglos – eine Kopulation zu erreichen versucht, ergreift in der Folgezeit die Spatzenfrau in ihrer später einsetzenden fruchtbaren Phase die Initiative: Durchschnittlich alle acht bis 15 Minuten fordert sie ihren Partner zur Paarung auf. Dazu duckt sich das Weibchen in waagerechter Haltung und mit eng angelegtem Gefieder, hebt Kopf und Schwanz ein wenig an, vibriert mit den Flügeln und lässt dabei spezielle Rufe hören (siehe Seite 44 und Seite 51). Das Männchen umkreist daraufhin aufgeregt hüpfend das Weibchen mit aufgeplustertem Gefieder, springt als »Vorspiel« mehrfach hintereinander kurz auf und gleich wieder ab, um schließlich flatternd auf dem Rücken des Weibchens balancierend mit ihm zu kopulieren, ein Vorgang, der bei Spatzen nur wenige Sekunden dauert. Wie alle Vögel besitzen sie kein äußeres Begattungsorgan wie die Säugetiere, sondern pressen ihre Kloaken – so nennt man die Körperöffnung, in die Enddarm und Geschlechtsorgane nebeneinander münden – aufeinander, um den Samen zu übertragen. Das ist stets eine wackelige Angelegenheit, ganz besonders bei langbeinigen Arten wie Störchen oder Kranichen, und klappt daher nicht immer auf Anhieb. Allein schon aus diesem Grunde paaren sich Vögel oft mehrmals hintereinander.

Obwohl eine einzige erfolgreiche Kopulation für die Befruchtung des gesamten Geleges reicht, sind Spatzen wie viele sozial lebende Arten in dieser Hinsicht überdurchschnittlich aktiv und galten daher in früheren Zeiten als Inbegriff der Zügellosigkeit und Wollust, ihr Hirn, mit Hühnerei und Honig vermengt, war ein geschätztes und begehrtes Aphrodisiakum. Heute weiß man, dass die Häufigkeit von Kopulationen mit der Größe einer Spatzenkolonie korreliert. Je mehr Vögel zusammenleben, desto weniger können die Männchen ihre Weibchen vor Nebenbuhlern bewachen, und umso größer ist die Wahrscheinlichkeit von Seitensprüngen. Männchen paaren sich in diesen Fällen viel öfter mit ihrem eigenen Weibchen als es zur Befruchtung der Eier notwendig wäre, um durch »Überflutung« möglicher fremder Spermien die Wahrscheinlichkeit ihrer Vaterschaft zu erhöhen. So können Haussperlinge im Extremfall tatsächlich bis zu 20 Mal pro Stunde, durchschnittlich alle drei Minuten, miteinander kopulieren, wie es Conrad Gesner seinerzeit schrieb. Genetische Untersuchungen belegen indes, dass trotzdem acht bis 19 Prozent der Jungen fremde Väter haben. Dominante Männchen mit ausgeprägtem schwarzen Kehllatz – bei allen Spätzinnen als Liebhaber sehr begehrt (siehe Seite 49) – erzielen mehr Fremdkopulationen und beglücken auch die eigene Frau häufiger als andere Männchen – was nicht verhindert, dass auch diese Machos regelmäßig betrogen werden.

Möglicherweise ist die häufig beschriebene Beobachtung, dass Spatzenmännchen wiederholt an der Kloake ihrer eigenen und fremder Weibchen picken oder es zumindest versuchen, ebenfalls in diesem Zusammenhang zu sehen: Ob dieses Verhalten ähnlich wie bei der Heckenbraunelle, die zwar nicht wie die Spatzen in Sozialverbänden lebt, aber ein sehr freizügiges Sexualverhalten zeigt, zum Ausstoßen von (fremdem) Sperma führt, konnten selbst indiskrete Vogelforscher bislang nicht eindeutig klären. Auffallend ist lediglich, dass die Weibchen derlei plumpe Vertraulichkeiten – wenn überhaupt – nur von ihren eigenen Ehepartnern dulden. In jedem Falle sorgen die Vögel dafür, dass die Nachkommen eine möglichst vielfältige genetische Ausstattung bekommen – eine wichtige Grundlage für körperliche und geistige Fitness, die es ihnen erlaubt, sich an unterschiedliche Lebensbedingungen und Situationen anzupassen.

Aufopferungsvolle Spatzeneltern

Haben die Spatzen eine gemütliche Kinderstube errichtet und sich ausgiebig gepaart, liegen bald die ersten Eier im warm ausgepolsterten Nest. Ein normales Spatzengelege umfasst durchschnittlich vier bis sechs Eier, mitunter können es (beim Haussperling) auch mal acht Eier sein, die meist in einem Rhythmus von 24 Stunden jeweils kurz nach Sonnenaufgang gelegt werden. In einem Experiment, bei dem Forscher den Vögeln das dritte und danach jedes weitere Ei wegnahmen, brachten es manche Haussperlings-Weibchen innerhalb kurzer Zeit auf bis zu 18 Eier, wobei in diesem Fall regelmäßige Legepausen von einem Tag oder mehreren Tagen eingelegt wurden. Auch unter natürlichen Umständen produzieren Spatzen wie viele andere Vogelarten innerhalb kurzer Zeit ein Ersatzgelege, wenn das erste verloren ging. Feldsperlinge scheinen hinsichtlich der Zahl der gelegten Eier deutlich stärker festgelegt (»determiniert«) zu sein als Haussperlinge.

Die Eier selbst sind bei unterschiedlichen Spatzenweibchen in Größe, Form und Farbe recht variabel, bei einem einzelnen Individuum jedoch ziemlich konstant. In der Regel sind sie oval bis gedrungen oval, seltener länglich elliptisch, und messen beim Haussperling durchschnittlich 15 × 22 Millimeter bei einem Gewicht von nur etwa drei Gramm. Sie sind weißlich oder gräulich bis schwach grünlich gefärbt und mit unregelmäßigen, dunklen Sprenkeln versehen, wobei diese Flecken die helle Grundfarbe fast völlig verdecken können. Ganz besonders ist das beim Feldsperling der Fall, dessen Eier im Vergleich zu seinem etwas größeren Verwandten generell dunkler, häufig sogar einfarbig dunkel pigmentiert wirken und auch einen stärkeren Schalenglanz aufweisen. Außerdem sind sie kleiner und leichter als die Eier des Haussperlings.

Häufig ist das zuletzt gelegte Ei eines Geleges auffallend heller pigmentiert als die anderen Eier, gelegentlich wurden auch zu Beginn oder in der Mitte der Legefolge äußerlich und genetisch abweichende Spatzeneier gefunden. In letzterem Falle kann dies nur bedeuten, dass ein fremdes Spatzenweibchen entweder aus Versehen (»Verlegen«) oder mit Absicht, sozusagen als innerartlicher Kuckuck, diese Eier ins gemachte Nest gelegt hatte. Für den mit unseren einheimischen Spatzen nah verwandten Moabsperling *(Passer moabiticus)*, eine im Nahen und Mittleren Osten beheimatete Art, diskutieren manche Forscher denn auch, dass das abweichend gefärbte zuletzt gelegte Ei möglicherweise Brutparasiten der eigenen Art die Vollständigkeit des Geleges und den Brutbeginn signalisieren könnte nach dem Motto: »Zu spät – Fremdeier ins Nest schummeln zwecklos!« Allerdings sind hier noch viele Fragen offen. Nur ganz selten kommt es vor, dass Spatzen unfreiwillige Zieheltern eines echten Kuckucks werden, denn in Nischen und Höhlen verborgen, sind deren Gelege vor dem Zugriff des Kuckucksweibchens weitgehend sicher (siehe aber Seite 67).

Noch bevor das Gelege vollständig ist, beginnt das Weibchen allmählich mit dem Brüten. Zunächst sitzt es nur tagsüber gelegentlich auf den Eiern, erst wenn es sie auch nachts wärmt, in der Regel bei Ablage des vorletzten Eies, beginnt die eigentliche Bebrütung, die von diesem Zeitpunkt an zehn bis elf Tage dauert. Abweichende Angaben mit einer Brutdauer von bis zu 15 Tagen sind durch den »schleichenden« Brutbeginn zu erklären, aber auch durch witterungsbedingte Brutunterbrechungen. Warme Temperaturen, etwa bei Sommerbruten, führen zu einer etwas verkürzten Brutdauer. In der »heißen Phase« des Brutgeschäftes werden die Eier 70 bis 80 Prozent der Zeit gewärmt beziehungsweise bebrütet. Die ersten Eier des Geleges überstehen am Anfang also eine »kühle« Zeit. Das machen Singvögel und auch viele andere Vögel generell so, damit die Jungen alle zur gleichen Zeit schlüpfen. (Anders zum Beispiel die Eulen: Bei ihnen brütet das Weibchen vom ersten Ei an »ernsthaft« mit dem Resultat, dass die Jungen verschieden alt und groß sind. Wenn es wenig Nahrung gibt, verhungern die kleinsten oder werden an die größeren Geschwister verfüttert.)

Bei den Spatzen teilen sich beide Partner die Arbeit, wobei das Weibchen die deutlich längeren Schichten hat. Nachts brütet es sogar ganz allein und das offenbar aus freien Stücken: Die meisten Feldsperlings-Weibchen dulden ihre Partner nachts nicht in der Bruthöhle, manche erlauben ihnen allerdings gnädig, dort zu übernachten – aber stets außerhalb der Brutmulde mit den Eiern, die das Weibchen besetzt hält. Das dürfte auch damit zusammenhängen, dass nur das Weibchen zu dieser Zeit einen hormonell bedingten »Brutfleck« besitzt, eine unbefiederte Stelle am Bauch, mit der es den Eiern Körperwärme zuführen, sie also bebrüten kann. Das Männchen scheint also nicht im eigentlichen Sinne zu brüten, sondern es hält die Eier nur warm, solange das Weibchen über Tag draußen für sich nach Nahrung sucht. Nachts ist die Wärmflaschen-Funktion des Spatzenmannes nicht erforderlich – und wäre bei kühleren Nachttemperaturen vermutlich auch nicht ausreichend. Erweist sich der Partner als brutfaul, kompensiert die Spätzin dessen fehlendes Engagement durch erhöhten eigenen Einsatz. Und stirbt das Männchen in dieser Zeit, brütet seine Witwe allein weiter, nicht aber umgekehrt. Überhaupt hat bei Spatzens die Frau während der Brutzeit das Sagen: Beim Nestbau reißt sie dem Männchen mitgebrachtes Nistmaterial oft recht grob aus dem Schnabel, um es selbst zu verbauen, und entsprechend verfährt sie in den ersten Lebenstagen der Jungen bei der Fütterung (siehe Seite 66): Er darf Essen ranschaffen, sie füttert – oder verspeist besonders leckere Happen gleich selbst –, sofern sie nicht gerade selbst unterwegs ist, um Futter für die Kleinen zu sammeln.

Anders als manche anderen Vogelarten sitzt ein Spatz beim Brüten nicht einfach stoisch im Nest herum, sondern weiß sich zu beschäftigen, wie Spatzenforscherin Gisela Deckert beim Feldsperling beobachtete. Er knabbert und zupft am Nistmaterial, dekoriert ein wenig um oder pflegt sein Gefieder. Alle zwei bis drei Minuten steht der Vogel auf, um ein oder zwei Eier zu wenden, damit sie von allen Seiten gleichmäßig gewärmt werden. Länger als fünf Minuten sitzt ein brütender Spatz nicht still, manche halten das sogar nur 40 Sekunden aus. Natürlich nimmt die Unruhe mit steigendem Parasitenbefall im Nest zu. Da sich das Ganze in einer geschützten Bruthöhle abspielt, kann sich ein Feldsperling eine solche Zappelei leisten, ohne von Feinden bemerkt zu werden. Freibrüter verhalten sich generell viel unauffälliger.

Beobachtungen zum Verhalten von Spatzen während der Bebrütung und Jungenaufzucht gelingen im Detail oft nur an handaufgezogenen Vögeln, im Freiland ist es meist sehr schwierig, den Tieren in die Kinderstube zu schauen, allein schon aus dem Grund, weil Feldsperlinge Höhlenbrüter sind und auch Haussperlinge ihre Nester meist gut verborgen in größerer Höhe und somit kaum frei einsehbar anlegen. Außerdem reagieren Spatzen generell sehr empfindlich auf Störungen am Nest und geben daraufhin häufig ihre Brut auf. Manchmal reicht schon intensives Beobachten (Anstarren) ohne ausreichende eigene Deckung, das die Vögel als bedrohlich empfinden. Brütende Kohlmeisen oder Blaumeisen sind da (zumindest äußerlich) meistens wesentlich entspannter und lassen sich auch von gelegentlichen, behutsamen Nistkastenkontrollen nicht allzu sehr beeindrucken (was nicht bedeuten muss, dass sie dabei keinen Stress empfinden). Mittlerweile gibt es aber Nisthöhlen mit eingebauten Mini-Videokameras, die die Bilder aus dem Inneren aufzeichnen oder in Echtzeit auf einen Monitor, zum Beispiel den des eigenen Rechners, übertragen. Damit kann man das Brutgeschehen der Feldsperlinge oder anderer Höhlenbrüter bequem vom PC oder Laptop aus verfolgen, ohne sie zu stören – ganz nach dem Motto: »Big brother is watching you!«

So kann man auch den großen Augenblick miterleben, wenn die Jungvögel aus dem Ei schlüpfen, manchmal alle innerhalb weniger Stunden, oft folgen Nachzügler aber noch einen oder sogar zwei Tage später. Unbefiedert wie sie sind, sehen frisch geschlüpfte Junge aus wie ein winziges rosa Etwas mit

Der Spatzennachwuchs wächst schnell heran.

übergroßem Köpfchen, das anfangs viel zu schwer erscheint. Die Augen sind zunächst noch geschlossen, und es scheint kaum vorstellbar, dass diese vollkommen hilflosen Geschöpfe bereits nach gut zwei Wochen als voll entwickelte Vögel in die Welt hinausfliegen werden. Jetzt beginnt für die Spatzeneltern eine anstrengende, arbeitsreiche Zeit: Die ewig hungrigen Kleinen müssen nicht nur gefüttert, sondern in den ersten Tagen, wenn sie noch nackt sind, auch gewärmt werden. Auch hier teilen sich beide Eltern abwechselnd die Arbeit: Während der eine Partner Futter sucht, bleibt der andere im Nest und hudert die Kleinen, das heißt, er setzt sich behutsam auf oder besser über sie, um sie unter seinem Bauchgefieder warm zu halten. Das ist besonders bei kühleren Außentemperaturen wichtig, weil die Mini-Spatzen in den ersten Lebenstagen noch kein isolierendes Gefieder besitzen und ihre Körpertemperatur, die wie bei allen Vögeln mit etwa 42 Grad Celsius deutlich höher liegt als die des Menschen, nicht selbst konstant halten können. Oft klappt die Abwechslung reibungslos: Ein Elternteil kommt mit Futter, verteilt es und bleibt anschließend als lebende Wärmflasche im Nest, bis der inzwischen zur Futtersuche ausgeflogene Partner zurückkehrt. Nachts wärmt grundsätzlich die Mutter den Nachwuchs, solange er noch unter ihrem Körper Platz findet. Wenn die Jungen größer werden oder es warm genug ist, können sich beide Elternvögel überwiegend auf die Nahrungsbeschaffung konzentrieren, wobei Untersuchungen beim Haussperling ergaben, dass das Weibchen deutlich öfter füttert als das Männchen, das dafür auf Heim und Kinder aufpasst und beide notfalls gegen Störenfriede, auch aus der eigenen Sippe, verteidigt.

In den ersten Lebenstagen werden ausschließlich kleine Insekten und Spinnen verfüttert, denn zum gesunden Gedeihen benötigen die Jungen tierisches Eiweiß. Winzige Blattläuse stellen häufig die erste Nestlingsnahrung dar, später bringen die Eltern Raupen, Fliegen, Käfer, sogar größere Heuschrecken und Libellen – Beutetiere, die die Jungen mitunter kaum bewältigen können (siehe Seite 34). Erst ab etwa dem sechsten Tag kommen allmählich kleine Samenkörner, Grassamen und ähnliche pflanzliche Nahrung hinzu, die später den Hauptteil des von den Eltern herangeschafften Futters ausmachen. Um diese vergleichsweise harte Kost verdauen zu können, verfüttern die Altvögel auch Steinchen, die helfen, die Samenkörner im Magen zu zerquetschen. Wie oft die Eltern zum Füttern anfliegen, hängt vom Alter und von der Anzahl der Jungen ab. Spatzenforscherin Gisela Deckert beobachtete, dass Feldsperlinge in den ersten Tagen durchschnittlich alle fünf Minuten fütterten, später sogar alle 2,8 Minuten. Bei einer siebenköpfigen Brut lag die Häufigkeit der Futterflüge im Schnitt um 20 Prozent höher als bei vier Nestlingen. Andere Wissenschaftler zählten zwischen dem sechsten und zehnten Lebenstag einer sechsköpfigen Nachkommenschaft im Mittel 348 Fütterungen täglich. Jeder Partner schafft demnach von Sonnenaufgang bis zum Beginn der Abenddämmerung etwa zehnmal pro Stunde Futter heran – und das zwischen April und August bei bis zu drei Bruten hintereinander! Dabei verfüttert ein (Haus-)Spatzenpaar, so ergaben Untersuchungen und Hochrechnungen einer dänischen Vogelkundlerin, in einer Brutsaison etwa 23 000 Insekten an seinen Nachwuchs – eine bemerkenswerte Zahl für einen überwiegenden Körnerfresser. Manchmal beteiligt sich das Männchen weniger, etwa wenn es noch eine oder zwei weitere Bruten mit verwitweten Nachbarinnen zu versorgen hat.

Wie bei vielen Vogelarten ist der Fütterungstrieb der Spatzeneltern sehr stark: Ein Feldsperlings-Weibchen, das 15 Stunden in Gefangenschaft gehalten und dann einen Kilometer von seinem Nest entfernt freigelassen wurde, fütterte danach seine Brut weiter, als wäre nichts geschehen. Nicht selten werden sogar benachbart aufwachsende Junge anderer Arten wie Meisen, Hausrotschwänze, Grauschnäpper und selbst Stare und Mehlschwalben bei Gelegenheit mit einem leckeren Happen versorgt. Bei passender Gelegenheit kommt das sicher auch wechselseitig vor, außer vermutlich bei den Schwalben, es sei denn, die jungen Spatzen sitzen in einem Schwalbennest. Ein Hamburger Vogelkundler konnte sogar nachweisen, dass Feldsperlinge als Adoptiveltern einen bereits flüggen Jungkuckuck versorgten, der zuvor von Sumpfrohrsängern, einem typischen Kuckuckswirt, aufgezogen worden war. Auch experimentell ausgetauschte gleichaltrige Spatzenkinder werden behandelt wie die eigene Brut. Das ändert sich allerdings, wenn die Nestlinge ausfliegen (siehe Seite 70). Mitunter helfen auch Artgenossen bei der Aufzucht fremder Jungvögel: Bei Untersuchungen an einer Haussperlingspopulation in Nordamerika wurden dort – und bisher nur dort – bei zahlreichen Bruten arteigene Helfer beobachtet, in einigen Fällen bereits beim Nestbau. Mit der Unterstützung durch Helfer wurden die Jungen häufiger gefüttert als ohne, Unterschiede im Bruterfolg gab es allerdings nicht. Das Phänomen arteigener Helfer – möglicherweise handelt es sich dabei um Jungvögel aus früheren Bruten des Vogelpaares – wurde inzwischen bei einer ganzen Reihe von Vogelarten nachgewiesen und gibt hinsichtlich seiner Verbreitung, Funktion und Bedeutung noch einige Rätsel auf.

Müssen die Jungen anfangs bei der Fütterung oft noch mit zarten Rufen geweckt werden, so sperren sie später von ganz allein ihre Schnäbel auf und betteln lauthals, sobald ein Elternvogel am Nest landet. Im Alter von zehn bis zwölf Tagen erwarten junge Feldsperlinge ihre Versorger bereits am Einflugloch und werden von draußen gefüttert. Die Altvögel schlüpfen dann nur ein, um das Nest zu säubern, und nächtigen meist außerhalb, zum Beispiel in dichtem Gebüsch, wo sie auch während der übrigen Zeit des Jahres häufig schlafen. Nach jeder Fütterung wartet ein Elternteil darauf, dass der jeweils versorgte Jungvogel seinen Kot abgibt, was praktischerweise fast nur im direkten Anschluss an eine Fütterung der Fall ist. Der Altvogel nimmt den Kotballen, der bei den Jungen noch von einer zarten, aber festen Hülle umgeben ist, direkt nach dem Austreten vom After ab und trägt ihn fort. Am ersten Tag nach dem Schlüpfen wird er dagegen meist gefressen, ebenso die Eischalen oder zumindest Teile davon. Auf diese Weise füllen vor allem die Weibchen ihre verbrauchten Kalkvorräte und Nährstoffreserven wieder auf. Natürlich geht auch mal was daneben: Kot, Dotterreste oder Nahrungspartikel können unbemerkt zwischen das Nistmaterial geraten. Daher zeigen Spatzen wie viele andere nestbauende Vogelarten ein spezielles Verhalten, das als »Nestbodenrütteln« bezeichnet wird. Namentlich das Weibchen widmet sich dieser Tätigkeit: Es greift dazu mit dem Schnabel in die Nistmulde und rüttelt das Material durcheinander. Solange die Jungen noch klein und zart sind, geschieht das sehr behutsam, später räumt die Mutter sie auch schon mal beherzt zur Seite, um den Hausputz durchführen zu können. Alles, was nicht ins Nest gehört, wird bei dieser Tätigkeit entdeckt und entfernt oder gelangt ganz tief unter das Nistmaterial, sodass die Nistmulde, in der die Jungen liegen, stets sauber bleibt. Auch taube Eier und tote Nestlinge werden von den Eltern nach draußen »entsorgt«. Erst in den letzten ein bis zwei Tagen vor dem Ausfliegen kann das Nest verschmutzen, wenn die Eltern für die Reinlichkeit nicht mehr so viel Zeit aufwenden können, weil große Kinder stets großen Hunger haben ...

Bei guter Versorgung wachsen die Jungen schnell heran: Nach dem vierten Tag öffnen sich die Augen und die Federkiele der Schwungfedern beginnen die Haut zu durchbrechen. Am sechsten Tag sind erste Putz- und Streckbewegungen zu beobachten, am achten bis neunten Tag platzen die Federkiele auf und die Federn schieben sich heraus, die Nestlinge werden zunehmend farbig und sind mit zehn bis zwölf Tagen voll befiedert. Ab diesem Zeitpunkt können sie ihre Körpertemperatur selbst regulieren, und am zwölften Tag haben sie ihr Schlupfgewicht – beim Haussperling zwei bis drei Gramm, beim Feldsperling knapp zwei Gramm – in etwa verzehnfacht und schlagen erstmals mit ihren noch nicht voll entwickelten Flügelchen. Mit 14 Tagen klettern sie bereits munter im Nest umher und sind unter ungestörten Bedingungen etwa am 16. Tag nach dem Schlupf bereit zum Ausfliegen. Die Angaben in der Literatur schwanken diesbezüglich allerdings erheblich zwischen 14 und 18, im Extremfall sogar 20 Tagen. Bei Störungen am Nest, zum Beispiel auch durch wissenschaftlich motivierte Brutkontrollen, verlassen die jungen Spatzen das Nest bereits im Alter von 14 Tagen, bei schlechtem Wetter zögern sie – obwohl schon flugfähig – den Start nach draußen um ein oder zwei Tage hinaus.

Bei Weitem nicht alle Nestlinge schaffen es bis zum Flüggewerden: Flöhe, Milben, andere Parasiten sowie pathogene Mikroorganismen wie Salmonellen und bestimmte Pilze schwächen oder töten viele Jungvögel – lokal können sie 25 bis 30 Prozent der Verluste während der Brut verursachen. Bei anhaltend nasskaltem Wetter, bei dem die Eltern nur wenige Insekten finden, verhungert oft ein Teil oder die gesamte Brut. Auch Hitzestau unter Dächern in heißen Sommermonaten ist sozusagen brandgefährlich und verwandelt junge Spatzen zu »Bratspätzchen«, auch wenn die Jungvögel Nesttemperaturen bis 50 Grad Celsius unbeschadet überstehen sollen. Störungen am Nest veranlassen die Eltern häufig zum Verlassen des Nestes und zur Aufgabe der Brut, sodass die Eier auskühlen und Nestlinge erfrieren und verhungern. Hinzu kommen Verluste durch natürliche Feinde wie Katzen und Marder, gelegentlich auch Ratten und Elstern – besonders bei den in Nischen oder in Fassadengrün brütenden Haussperlingen. Mitunter räumen auch Mauersegler (siehe Seite 92) als Nistplatzkonkurrenten an Gebäuden die Nester aus und vernichten Eier und Junge.

Um die hohen Verluste unter den Nestlingen und auch bei den flüggen Jungvögeln auszugleichen, brüten Spatzen in der Regel mehrmals im Jahr. Wie oft ein bestimmtes Sperlingspaar in einer Brutsaison tatsächlich für Nachwuchs sorgt, ist gar nicht so leicht zu ermitteln, denn dazu muss man die Vögel individuell mit farbigen Ringen markieren. So kann man feststellen, ob tatsächlich immer dasselbe Spatzenpaar oder wenigstens einer der Brutpartner mehrfach hintereinander im selben Nest oder an anderer Stelle erneut brütet und Junge aufzieht. Intensive Beobachtungen und die damit verbundenen Störungen, zum Beispiel der Fang von Altvögeln auf dem Nest für die Beringung, beeinflussen die Ergebnisse der Untersuchungen. Die störungsempfindlichen Spatzen ziehen dann häufig um. Ohne Markierung und genaue Beobachtung geht es aber leider nicht. So konnten Vogelkundler zeigen, dass an drei aufeinanderfolgenden Feldsperlingsbruten in einem Nistkasten während einer Saison drei unterschiedliche Weibchen beteiligt waren. Bei Beobachtungen an 14 Orten in unterschiedlichen Regionen Europas ließen sich in 47 bis 92 Prozent der Proben Zweitbruten und in 15 bis 73 Prozent Drittbruten beim Feldsperling feststellen. Drittbruten gibt es demnach wohl nur bei zeitigem Brutbeginn und hauptsächlich bei älteren, erfahrenen Weibchen. Einjährige Vögel, die noch »üben« müssen, verlieren die dafür nötige Zeit durch längeren Nestbau und größeren Abstand zwischen der ersten und zweiten Brut. Ähnlich dürfte es beim Haussperling sein. Untersuchungen in Nordamerika ergaben bei 142 Haussperlings-Brutpaaren durchschnittlich 1,8 Jahresbruten, jedoch bis zu 3,3 Bruten pro Nest! Andererseits konnten Vogelforscher bei einem einzelnen beringten Spatzenpaar sogar vier Bruten in einer Saison sicher nachweisen.

Der Nachwuchs wird flügge

Wenn der Tag des Ausfliegens gekommen ist, verlassen die Jungen das Nest kurz hintereinander oder innerhalb weniger Stunden, mitunter bleibt ein Nesthäkchen einen oder zwei Tage länger zurück und wird in dieser Zeit auch weiter im Nest gefüttert, während seine Geschwister schon Ausflüge unternehmen. Das Ausfliegen erfolgt meist in den Morgenstunden oder am Vormittag, selten später, und wird oft von Warnrufen und aufgeregtem Gezeter der Eltern begleitet. Doch häufig genug, so konnte Spatzenforscherin Gisela Deckert bei Feldsperlingen beobachten, startet der Nachwuchs auch dann munter ins Freie, wenn die Altvögel gerade nicht da sind, und fliegt teilweise gleich 50 bis 100 Meter weit, um sich recht hoch in den Kronen umstehender Bäume zu verstecken. Verloren geht er dennoch nicht – im Gegenteil: Erstaunlicherweise finden die Eltern, sobald sie das Nest leer vorgefunden haben, ihre frisch ausgeflogenen Jungen ziemlich schnell und ohne große Suche, um ihnen Futter zu bringen. Der Kontakt wird über größere Distanzen sicherlich vornehmlich durch Rufe hergestellt, im Nahbereich spielen optische Signale eine entscheidende Rolle. Selbst wenn im selben Baum noch weitere gleichaltrige Junge anderer Paare sitzen, scheinen Verwechslungen kaum vorzukommen: Die Eltern erkennen und füttern nur ihre eigenen Kinder. Menschen können junge Feldsperlinge nur mit viel Übung und Erfahrung etwa vom zwölften Nestlingstag an anhand der Ausprägung und Schwärzung des Kehl- und Brustlatzes und der Wangenflecken individuell unterscheiden. Das gilt erst recht im Falle junger Haussperlinge, die wie blasse Varianten der erwachsenen Weibchen aussehen.

Normalerweise beginnen junge Spatzen – an den kürzeren Flügeln und dem kürzeren Schwanz sowie durch einen jungvogeltypisch breiten Schnabelwulst gut von den Alten zu unterscheiden – bereits nach ein bis zwei Tagen damit, selbstständig etwas zu picken, werden aber noch sieben bis zehn Tage nach dem Ausfliegen von den Eltern mit Nahrung versorgt. Bettelnde Junge plustern sich auf, zittern stoßweise mit den etwas geöffneten und herabhängenden Flügeln, ziehen den Kopf ein, reißen den Schnabel weit auf und äußern dabei Bettellaute, was bedeutet: »Mama! Papa! Hunger!!!« Oft füttert jeder Elternvogel bevorzugt bestimmte Kinder. Stirbt ein Partner in dieser Zeit, übernimmt der andere die ganze Fürsorge. Die Alten warnen ihren noch unerfahrenen Nachwuchs auch vor Gefahren und zeigen ihm ergiebige Futterplätze oder besondere Techniken des Nahrungserwerbs – kurz, sie bringen ihm alles bei, was ein Spatz zum erfolgreichen Überleben wissen muss. Nach spätestens 14 Tagen sind die

Die mächtigen Storchenhorste beherbergen oft ganze Spatzenkolonien als Untermieter, hier Weidensperlinge.

Jungen auf sich selbst gestellt, und die Eltern beginnen bereits eine Woche bis zwei Wochen später mit einer neuen Brut.

Mitunter – wohl nur selten beim Haussperling, häufiger beim Feldsperling – kommt es zu sogenannten Schachtelbruten: Manche Weibchen bebrüten schon ein neues Gelege, während die Jungen gerade erst ausgeflogen sind und dann überwiegend vom Männchen betreut werden. In seinen Brutpausen versorgt aber auch das Weibchen den flüggen Nachwuchs, der ihm lautstark bettelnd bis zum Nest folgt. Bei ausreichendem Nistplatzangebot bauen Feldsperlinge für die neue Brut bisweilen ein neues Nest in einer benachbarten Höhle, dies manchmal sogar schon vor dem Ausfliegen der Jungen. Dann kann es passieren, dass die Altvögel versehentlich mit Futter zum neuen Nest und mit Nistmaterial zu den nach Nahrung gierenden Nestlingen fliegen – was klar beweist: Nicht nur Menschen, auch Spatzen können irren ...

In die Kategorie »Irrtum« scheint auch ein merkwürdiges Verhalten zu passen: Junge, aber bereits selbstständige Spatzen beider Arten (Feldsperlinge häufiger als Haussperlinge) inspizieren, nicht selten zu mehreren, Höhlen und Nischen mit Nestern fast flügger Artgenossen und werden dort offenbar von deren Eltern teilweise mit versorgt, in einem Fall ließ sich ein junger, stark untergewichtiger Haussperling bis zu einem Alter von 83 Tagen auf diese Weise durchfüttern. Es ist allerdings denkbar, dass es sich dabei um die eigenen Eltern oder ein neu verpaartes Elternteil handelte. Vermutlich ist es der starke Fütterungstrieb der Altvögel (siehe Seite 67), der sie dazu bewegt, auch die dreisten Mitesser mit ein paar Happen zu versorgen.

Vier bis sechs Wochen nach dem Ausfliegen fangen junge Haussperlinge an, ihr Jugendkleid zu mausern, das heißt, sie wechseln ihr komplettes Federkleid und sehen danach aus wie die Erwachsenen. Bei jungen Feldsperlingen beginnt die Jugendmauser etwas später: beim Nachwuchs der ersten Jahresbrut im Alter von etwa acht Wochen, bei Spätbruten mit etwa fünf Wochen. Spätgeborene müssen sich beeilen, damit der Gefiederwechsel vor der kalten Jahreszeit abgeschlossen ist. Spatzen mausern wie alle Singvögel ihre Handschwingen und Armschwingen nacheinander und über einen längeren Zeitraum, sodass sie ihre Flugfähigkeit nicht verlieren. Im Schnitt dauert es etwa 80 Tage, bis alle Schwungfedern erneuert sind, spät Geschlüpfte können diese Zeit bis auf etwa 60 Tage verkürzen und in aller Regel auch dann noch fliegen. Denn für einen kleinen Singvogel würde Flugunfähigkeit das sichere Todesurteil bedeuten. Weil sich der Gefiederwechsel also über einen längeren Zeitraum hinzieht und es mehrere Bruten im Jahr gibt, kann man mausernde Jungspatzen über einen langen Zeitraum von etwa Ende Mai bis in den November hinein beobachten.

Auch die Altvögel machen direkt nach Abschluss des Brutgeschäftes, sobald also ihre Jungen aus der letzten Jahresbrut selbstständig geworden sind, eine Vollmauser durch. Manche beginnen auch schon kurz davor mit dem Gefiederwechsel, bevor der Nachwuchs endgültig »aus dem Haus« ist. Ein fleißiger Vogelkundler hat einmal die Anzahl der Konturfedern (Flügel, Schwanz, Deckgefieder) eines Haussperlings gezählt: Im Juli während der Brutzeit waren es 3138, nach der Mauser im Winter 3517 Federn, Flaumfederchen nicht mitgerechnet. Die Vögel legen in der kalten Jahreszeit nicht etwa ein dichteres »Wintergefieder« an, so wie manche Säugetiere sich ein Winterfell zulegen, sondern sie verlieren mit der Zeit einen Teil der Federn, die dann durch die Mauser ersetzt werden. Mitunter kommt auch eine sogenannte Schreckmauser oder Schockmauser vor: Dabei verliert ein Vogel, der zum Beispiel von einer

Zarte Kunstwerke: Federn des Haussperlings

Katze gegriffen wurde, schlagartig seine Schwanzfedern und einen Teil des Kleingefieders, ähnlich wie eine Eidechse in einer solchen Notsituation einen Teil ihres Schwanzes opfert. Manchmal rettet dieser Trick Echse wie Vogel das Leben, und der verblüffte Räuber muss sich mit einem Maul voll Federn oder einem Schwanzfragment begnügen. Die Schwanzfedern wachsen – anders als bei normal verlorenen Federn – in einem solchen Fall oft relativ schnell, spätestens aber bei der nächsten Mauser wieder nach, und auch die Eidechsen können ihren Schwanz regenerieren, wenngleich nicht in voller Schönheit.

Erwachsene Spatzen bleiben – zumindest in Mitteleuropa – das ganze Jahr über im engeren Bereich ihres einmal gewählten Brutplatzes: Haussperlinge in der Stadt oder am Stadtrand bewegen sich in der Brutzeit oftmals nur in einem Umkreis von gerade einmal 50 Metern, auf dem Lande sind es je nach Nahrungsangebot in der Regel 200 bis 600 Meter, und auch außerhalb der Brutzeit ist ihr Aktionsradius nicht wesentlich größer.

Ähnlich liegen die Verhältnisse bei erwachsenen Feldsperlingen, die zwar etwas mobiler sind, sich aber zum größten Teil ebenfalls in einem Umkreis von weniger als einem Kilometer bewegen. Anders der Nachwuchs: Junge Spatzen streunen zunächst scheinbar ziellos und ungerichtet in kleinen Gruppen umher, wechseln auch von einer Gruppe zur nächsten und erkunden gemeinsam die nähere und weitere Umgebung, ein Verhalten, das bei vielen Arten vorkommt und von Fachleuten als »Dismigration« oder »Dispersal« bezeichnet wird. Viele der noch unerfahrenen Jungvögel kommen dabei um, sie können sich nicht gut genug selbst versorgen, verhungern oder werden zur leichten Beute von Greifvögeln und Opfer anderer Beutegreifer.

In den Dörfern sind Katzen für einen Großteil der Verluste verantwortlich, in Städten ist es vor allem der Autoverkehr. Untersuchungen am Haussperling ergaben, dass in ländlichen Gebieten nach einem Jahr höchstens 20 Prozent der Jungvögel überlebt hatten, in Stadthabitaten bis zu 40 Prozent. Auch bei den Erwachsenen ist die Sterblichkeit auf dem Lande höher als in der Stadt, wo es mittlerweile ein üppigeres und vor allem kontinuierliches Nahrungsangebot und weniger natürliche Feinde wie Sperber oder Schleiereule gibt. Auch die Zahl der Katzen ist in eng bebauten Stadtbezirken, dem bevorzugten Lebensraum der Haussperlinge, meist deutlich geringer als in den stärker durchgrünten Bereichen mit vielen Gärten.

Gerade im Winter haben Vögel in der Stadt bessere Überlebenschancen als auf dem Land, denn in der Stadt ist es deutlich wärmer als im Umland, und üppig bestückte Futterstellen in großer Anzahl gibt es dort auch.

Die meisten Jungvögel werden sich im nächsten Frühjahr in der näheren Umgebung ihrer Geburtsorte ansiedeln, manche auch direkt in der Heimatkolonie, um dort selbst zu brüten. Einige Jungvögel aber, und das trifft ganz besonders auf den Feldsperling zu, zieht es hinaus in die – zumindest für Spatzenverhältnisse – weite Welt: Obwohl unsere Spatzen in Mitteleuropa als ausgesprochene Standvögel gelten, deren Orientierungsvermögen über längere Distanzen allgemein nur schwach, aber womöglich individuell unterschiedlich gut ausgeprägt ist, werden an Brennpunkten des Vogelzuges, etwa auf der Nordseeinsel Helgoland, im südschwedischen Falsterbo oder an einigen Schweizer Alpenpässen, regelmäßig durchziehende Sperlinge gesichtet, wenngleich meist in geringer Anzahl. Bei Feldsperlingen konnten Ornithologen anhand von Wiederfunden beringter Vögel Zugbewegungen von beträchtlicher Entfernung nachweisen: So flogen zum Beispiel in den Niederlanden aufgewachsene Vögel bis Frankreich, Spanien und Portugal, und in Belgien gefangene Exemplare stammten unter anderem aus Deutschland, Großbritannien, Dänemark, Italien und der Schweiz. Ein im Winter in Belgien beringter Vogel wurde etwa 1700 Kilometer weiter nordöstlich in Finnland wiedergefunden. Ausnahmsweise sind bei dieser Art sogar Wanderungen von mehr als 2500 Kilometer Länge belegt. Der Haussperling ist dagegen weit weniger reiselustig und lebt in Mitteleuropa nach dem Motto: »Bleibe im Lande und nähre dich redlich.« Die in Zentralasien brütende Unterart *Passer domesticus bactrianus* ist hingegen ein echter Zugvogel, der in Indien und Pakistan überwintert und vom Brutgebiet ins Winterquartier und zurück jährlich etwa 4000 Kilometer zurücklegt. Wie andere echte Zugvögel frisst er sich vorher ein ausreichendes Fettpolster an, das ihm genügend Energie für die anstrengende Reise liefert. Dennoch können auch die hiesigen Haussperlinge durch herumvagabundierende Jungvögel und einzelne reiselustige Pioniere schnell neue Areale erobern, wie zum Beispiel die Besiedlung des nordamerikanischen Kontinents durch dort freigelassene Spatzen gezeigt hat (siehe Seite 21). Auch Gegenden, in denen der Mensch die Spatzenpopulation durch Vergiftung oder sonstige Bekämpfungsaktionen vernichtet hatte, konnten die Vögel auf diese Weise meist binnen kurzer Zeit zurückerobern.

    Sicherlich begünstigt eine hohe Spatzendichte in einem bestimmten Gebiet und die damit verbundene Konkurrenz um Nahrung und Nistplätze das Abwandern von Jungvögeln. Dafür spricht auch, dass dies noch im nächsten Frühjahr geschehen kann, wenn sie in der Nähe der Brutkolonie keinen Brutplatz finden. Auf diese Weise wird die Übervölkerung eines Gebietes vermieden. In sehr strengen Wintern kommt bei Feldsperlingen zudem gelegentlich eine sogenannte Kälteflucht vor, dies vor allem dort, wo es keine oder nur wenige Futterstellen gibt. Sobald im Spätsommer auf den Feldern das Getreide reift, zieht es das Spatzenvolk aus den nahen Dörfern in Schwärmen dorthin, um sich an dem reichhaltigen Nahrungsangebot zu bedienen (siehe Seite 28) beziehungsweise um nach der Getreideernte Nachlese zu halten. Heutzutage haben sie dabei meist das Nachsehen, denn wie an anderer Stelle (siehe Seite 104) noch erläutert wird, gibt es aufgrund verbesserter Erntemethoden mittlerweile für sie praktisch nichts mehr zu holen. In Mitteleuropa sind solche spätsommerlichen Spatzenschwärme, denen sich auch die erwachsenen Vögel aus der Nachbarschaft anschließen und die aus Mitgliedern einer Brutkolonie oder mehrerer benachbarter Brutkolonien bestehen, in vielen Gegenden selten geworden und setzen sich meist nur noch aus wenigen Dutzend, höchstens einigen Hundert Tieren zusammen. Grund ist der allgemeine Rückgang der Spatzenbestände (siehe Seite 106). In Osteuropa sieht das teilweise noch anders aus: In Rumänien konnte ich einmal einen gemischten Schwarm von Haussperlingen und Weidensperlingen von etwa 1000 Vögeln beobachten, und im Süden Russlands wurden sogar Spatzenschwärme mit bis zu 10 000 Individuen gesichtet. Größere Feldschwärme gliedern sich in Schwarmgruppen mit jeweils eigenen Sammel- und Schlafplätzen und teilen sich, wenn das Nahrungsangebot für eine gemeinsame Nutzung nicht ausreicht. Städtische Haussperlinge bilden niemals solche großen Ansammlungen und zumindest die Erwachsenen ziehen in der Regel auch nicht hinaus aufs Land, sondern verkösten sich an Ort und Stelle, erweitern dafür allenfalls ihren Aktionsradius ein wenig.

Haussperlinge und Feldsperlinge sind bei der Nahrungssuche auf abgeernteten Feldern untereinander oft vergesellschaftet, auch verschiedene Finken und Ammern stellen sich dann gern dort ein. Spatzenschwärme bewegen sich am Boden hüpfend und pickend vorwärts, wobei in regelmäßigen, kurzen Abständen die jeweils letzten Vögel über die anderen hinweg nach vorne fliegen, damit jeder mal der Erste am Futter ist. Wo viel Futter auf großer Fläche verteilt ist, gibt es normalerweise keinen Streit unter den Vögeln. Wenn aber doch, sind bei innerartlichen Aggressionen die Spatzenmännchen mit dem breitesten Brustlatz dominant, eine feste Hierarchie gibt es innerhalb der Schwärme aber nicht.

Ein charakteristisches Verhalten von Nahrung suchenden Spatzenschwärmen ist es, dass die Vögel häufig scheinbar grundlos auffliegen und ein nahes Gebüsch oder eine andere Deckung aufsuchen, von der sie sich nie allzu weit entfernen, nur um nach kurzer Zeit wieder auf dem Acker einzufallen. Finken und Ammern lassen sich davon nicht mitreißen: Sie sichern kurz, ob es einen

Anlass für die Spatzenhysterie gibt, etwa einen Sperber im Anflug, und wenn nicht, setzen sie ihre Nahrungssuche ruhig fort. Ausreichende Deckung in dichtem Gebüsch oder Hecken, auch in üppiger Fassadenbegrünung wie Efeu oder Wildem Wein, spielt für Spatzen, auch für städtische Populationen, eine ganz entscheidende und zentrale Rolle, ihr gesamtes Schutzverhalten ist darauf ausgerichtet. Dort fühlen sie sich sicher, dort verbringen sie auch ihre regelmäßigen Ruhepausen, putzen sich oder schwatzen ein wenig, bevor es erneut aufs Feld zur Nahrungssuche geht.

Die Nächte verbringen die Vögel in dieser Zeit in oft großer Zahl an bestimmten Gemeinschaftsschlafplätzen, in der Regel beide Spatzenarten unter sich. Auch hierfür bevorzugen sie dichte Dornhecken und Gebüsche oder, vor allem die Feldsperlinge, auch dicht belaubte Bäume. Aus allen Richtungen fallen die Vögel in kleineren oder größeren Gruppen dort ein, schwatzen und zetern, streiten sich um die besten Plätze, pflegen ihr Gefieder, stimmen Chorgesang an, und erst bei Sonnenuntergang kehrt Ruhe ein in die vorher so lebhafte Schlafgesellschaft. Im Herbst, wenn das Laub fällt und die Felder keine Nahrung mehr hergeben, kehren die erwachsenen Spatzen zurück in ihre Brutkolonie. Feldsperlinge übernachten dann gern in ihren Bruthöhlen oder speziellen Schlafhöhlen, die Partner eines Paares meist gemeinsam. Bei tiefen Temperaturen kuscheln sich oft mehrere Vögel in einer Höhle zusammen, um sich gegenseitig zu wärmen, wie man es zum Beispiel von Baumläufern oder den tagsüber einzelgängerisch lebenden Zaunkönigen kennt. Auch andere Schlafgäste wie die Kohlmeise und gar ein Star wurden schon gemeinsam mit Feldsperlingen in einer Höhle gefunden. Haussperlinge nächtigen meist jeder für sich, aber im engen Verband der Brutgemeinschaft, die das ganze Jahr über zusammenhält.

Haussperling und Weidensperling – eine Superspezies

Ein enger Verwandter des Haussperlings und diesem in vielen Aspekten seines Verhaltens, seiner Ernährung und seiner Lebensraumansprüche sehr ähnlich ist der Weidensperling *(Passer hispaniolensis)*. Sein europäisches Verbreitungsgebiet reicht vom westlichen Mittelmeerraum bis zum Balkan. Auch auf den Kanarischen Inseln, in Nordafrika und in Teilen Asiens von der Türkei bis nach Afghanistan ist die Art zuhause. In Mitteleuropa wurde sie bisher nicht zweifelsfrei nachgewiesen.

Erwachsene Männchen von Weidensperling und Haussperling haben auf den ersten Blick zwar ähnliche Zeichnungsmuster, sind aber dennoch gut zu unterscheiden: Beim Weidensperling ist der Scheitel kastanienbraun und nicht grau wie beim Haussperling, die Kopfseiten sind reinweiß und nicht verwaschen grauweiß, und der schwarze Kehl- und Brustfleck ist ausgedehnter und »satter« gefärbt als beim Haussperling. Kennzeichnend für den männlichen Weidensperling ist aber vor allem die kräftige schwarze Strichelung der Flanken und des Rückengefieders. Das unscheinbar gefärbte Weibchen zeigt ebenfalls eine schwache Strichelung auf dem Rücken und manchmal auch am Bauch, ähnelt insgesamt aber sehr einem weiblichen Haussperling.

Als ursprünglicher Brutvogel der gemäßigt sommertrockenen Steppen und Halbwüsten liebt der Weidensperling die Wärme, kann aber ansonsten ein ähnlich großes Spektrum an Lebensräumen besiedeln wie der Haussperling. In ländlichen Gegenden brüten beide Arten oft eng benachbart und bilden – abgesehen von Spanien und Portugal (siehe unten) – außerhalb der Brutzeit gemischte Schwärme. In Städten und Dörfern allerdings zeigt sich der Haussperling seinem nächsten Verwandten überlegen und verdrängt ihn in die offene Landschaft. Häufig findet man den Weidensperling in abwechslungsreicher Kulturlandschaft mit Wiesen, Weiden und Feldern, Hecken und Baumreihen, in Olivenhainen, Zitrusfruchtplantagen oder Dattelpalmenkulturen, sofern er im Umkreis von bis zu zwei Kilometern Wasser zum Trinken und Baden findet. Auch in feuchtem Gelände wie Auwäldern an Bächen und Flüssen kann man ihm begegnen.

In Spanien, wo die Art trotz ihres wissenschaftlichen Artnamens »hispaniolensis« (»der Spanische«) nur lückenhaft und nicht allzu häufig im Süden und in der Mitte des Landes verbreitet ist, sah ich eine kleine Brutkolonie im

Weidensperlinge sind mit Haussperlingen sehr nahe verwandt.

Tal des Flusses Guadiana, wo die Vögel ihre kugeligen Freinester in niedrigen Weidenbüschen angelegt hatten. An einem anderen Ort nisteten sie gemeinsam mit Haussperlingen als Untermieter in Storchenhorsten. Das ist insofern bemerkenswert, als dass sich in Spanien die beiden Sperlingsarten für gewöhnlich nicht vermischen und ökologisch stärker differenziert sind als in den übrigen Teilen ihres gemeinsamen Verbreitungsgebietes.

In Gegenden, wo der gewöhnliche Spatz fehlt oder selten ist, lebt der Weidensperling auch in Dörfern und Vorstädten oder an Gehöften und übernimmt dort – ähnlich wie anderenorts der Feldsperling (siehe Seite 17) – die Rolle als »Haus«sperling. Genau wie der »echte« Haussperling nutzen im Siedlungsraum brütende Weidensperlinge Nischen unter dem Dach oder in schadhaftem Mauerwerk zur Anlage ihrer Nester. Insgesamt ist der Weidensperling flexibler in der Wahl seiner Habitate und vor allem mobiler als der Haussperling. Während jener oft lebenslang am einmal gewählten Brutplatz festhält, sind Weidensperlinge

Nomaden, die bei Futterknappheit in andere Gegenden weiterziehen, wo sie bessere Nahrungsgründe vorfinden. Dort versammeln sich dann innerhalb weniger Tage oft viele Tausend der äußerst geselligen Vögel zu riesigen Brutkolonien – ein Phänomen, das vor allem für die asiatische Unterart *Passer hispaniolensis transcaspicus* typisch ist. Noch Anfang der 1960er-Jahre berichteten Forscher im Bereich des heutigen Turkestan von Brutkolonien mit durchschnittlich 20 000 bis 30 000 Nestern, in Einzelfällen mit bis zu 800 000 Nestern. Wie sich der Bestand dort inzwischen entwickelt hat, ist leider nicht bekannt.

Im Gegensatz zu »unseren« Spatzen sind Weidensperlinge überwiegend Freibrüter: Ihre dicht an dicht stehenden Kugelnester bilden in Bäumen und Büschen riesige Gebilde, die stark an die Gemeinschaftsnester der nahe verwandten Webervögel erinnern. Auch die nomadisierende Lebensweise der Weidensperlinge entspricht der vieler Webervögel. Häufig wandern die Tiere nach der ersten Brut in eine andere Gegend, um dort ein zweites oder drittes Mal Nachwuchs aufzuziehen. Nach der Brutzeit streifen sie weit umher und pendeln oft bis zu 20 Kilometer zwischen ergiebigen Nahrungsgründen und Massenschlafplätzen. Ein Teil der Population fliegt im Herbst südwärts, um den Winter in Nordafrika zu verbringen. Auch während des Brutgeschäfts entfernen sich Weidensperlinge zur Nahrungssuche viel weiter von ihrer Brutkolonie als Haussperlinge das tun, und können so das Futterangebot in einem größeren Umkreis nutzen. Das besteht wie beim Haussperling vor allem aus Samen von Kulturpflanzen und Wildpflanzen. Wenn nach dem Flüggewerden der Jungvögel teilweise gigantische Schwärme von Weidensperlingen, die in Zentralasien mitunter Hunderttausende oder gar Millionen von Individuen umfass(t)en, über das reifende Getreide herfallen, können sie sehr erhebliche wirtschaftliche Schäden anrichten. Die Art wird daher zu den 20 bedeutendsten Schadvogelarten der Welt gerechnet und entsprechend stark mit Gift, Feuer und Gewehr verfolgt. Weidensperlinge brüten im Gegensatz zum Haussperling aber auch heute noch weitab der Felder und Siedlungen der Menschen in den verbliebenen Resten ihrer ursprünglichen Lebensräume und verhalten sich dort Menschen gegenüber meist sehr scheu.

Wegen der zahlreichen Gemeinsamkeiten wurde der Weidensperling früher vielfach als Unterart des Haussperlings angesehen, doch das stellte sich als unzutreffend heraus: Vielmehr bilden beide Arten eine sogenannte Superspezies. Darunter verstehen Biologen eine Gruppe mehrerer Arten identischer Abstammung mit sehr ähnlichen Merkmalen, die sich eindeutig unterscheiden lassen und deren Verbreitungsgebiete aneinandergrenzen oder sich, wie in diesem Falle, überlappen. An den Kontaktzonen findet zwischen diesen Arten kein oder zumindest nur ein eingeschränkter Genaustausch statt. Soll heißen: Beide Sperlingsarten, obwohl sehr eng verwandt, leben nebeneinander, ohne sich untereinander zu verpaaren und genetisch zu vermischen. Dafür sorgen neben der unterschiedlichen Gefiederfärbung vor allem Unterschiede im Balzverhalten und im Lautrepertoire. Für uns Menschen klingen die meisten Laute des Weidensperlings im Vergleich mit denen der bei uns lebenden Spatzen mehr oder weniger ähnlich, doch die Auswertung entsprechender Sonagramme (siehe Seite 40) zeigt deutliche Differenzen: Im Vergleich zu Haussperling und Feldsperling sind vor allem die Gesänge des Weidensperlings viel komplizierter strukturiert und zeichnen sich durch große Frequenzsprünge aus. Neben dem andersartigen Balzgesang und abweichenden Balzposen des Männchens zeigen auch die Weibchen beider Arten ein völlig unterschiedliches Verhalten bei der Balz: Während sich das Haussperlings-Weibchen gegen das zunächst aggressiv auftretende Männchen behaupten muss (siehe Seite 49), spielt die Umworbene beim Weidensperling den dominanten Part, dem sich der Verehrer unterordnen muss. Diese Unterschiede sorgen in der Regel dafür, dass sich Haussperlinge und Weidensperlinge nicht miteinander kreuzen und es somit nicht zu Bastardierungen kommt. Doch keine Regel ohne Ausnahme: In Teilen Nordafrikas, vor allem im Osten Algeriens und in Tunesien, scheinen diese Isolationsbarrieren stellenweise weitgehend aufgehoben zu sein, die Gründe hierfür sind bislang nicht bekannt. Aufgrund der Hybridisierung sind die dort lebenden Sperlingspopulationen hinsichtlich ihres Aussehens und ihrer sonstigen Merkmale sehr variabel.

Rätsel gibt den Forschern auch der sogenannte **Italiensperling** auf: Dieser Vogel lebt, wie der Name es bereits ausdrückt, in Italien, wo er die häufigste Vogelart des Landes darstellt, aber auch auf Korsika und Kreta. Von der Gefiederfärbung her sieht er aus wie eine Mischung aus Haussperling und Weidensperling: Männchen haben die typische Kopffärbung des Weidensperlings, es fehlt ihnen jedoch dessen arttypische schwarze Strichelung von Flanken und Rücken. Weibchen sind praktisch nicht von denen des Haussperlings und des Weidensperlings zu unterscheiden. Der Italiensperling ist ein sesshafter Bewohner von Städten, Dörfern und Gehöften, und überhaupt gleicht fast sein ganzes Verhalten dem des Haussperlings, der in Italien fehlt. Nur an der nördlichen Verbreitungsgrenze des Italiensperlings, im Südalpenbogen, kommen beide in einer durchschnittlich 30 bis 40 Kilometer breiten Überschneidungszone nebeneinander vor. Nach Süden hin, etwa ab dem südlichen Mittelitalien, werden die

Italiensperlinge im Aussehen dem Weidensperling allmählich immer ähnlicher. Interessanterweise wanderte in den 1990er-Jahren im mittleren und nördlichen Landesteil, bei Foggia und im Podelta, je eine Weidensperlingspopulation ein, deren Bestände stetig anwachsen, die sich aber nicht mit den Italiensperlingen der Umgebung zu vermischen scheinen.

Kein Wunder also, dass Vogelkundler bis vor Kurzem rätselten und darüber stritten, was es mit dem Italiensperling eigentlich auf sich hat. Mal wurde er als eigene Art angesehen, mal als Unterart des Haussperlings oder als Unterart des Weidensperlings oder auch als natürlicher Hybrid aus beiden Arten. Inzwischen zeigt eine ganze Reihe neuerer Forschungsarbeiten aus verschiedenen Disziplinen, etwa molekulargenetische Untersuchungen und genaue Analysen des Lautinventars, dass der Italiensperling, obwohl in seiner Lebensweise dem Haussperling sehr ähnlich, tatsächlich viel näher mit dem Weidensperling verwandt ist. Die meisten Vogelkundler klassifizieren ihn daher inzwischen als eine Unterart des Weidensperlings, der demzufolge den lateinischen Artnamen *Passer hispaniolensis italiae* tragen sollte. Aber auch das ist nicht unumstritten: Nach den international gültigen Nomenklaturregeln muss in Zweifelsfällen die ältere Bezeichnung als Artname verwendet werden, und »italiae« wurde zeitlich früher verwendet als »hispaniolensis«. Folgerichtig müsste also der Italiensperling *Passer italiae italiae* heißen und der Weidensperling wäre dessen Unterart *Passer italiae hispaniolensis*. Den normalen Spatzenfreund oder die Spatzenliebhaberin muss dieser wissenschaftliche Streit nicht kümmern, aber er zeigt doch, dass auch scheinbar wohlbekannte und gut erforschte Vögel in der Fachwelt immer noch für reichlich Diskussionsstoff sorgen können.

Entfernte Verwandte – Schneesperling und Steinsperling

Nur die wenigsten Menschen dürften wissen, dass es in Deutschland neben dem Haussperling und dem Feldsperling noch eine dritte Sperlingsart gibt: Es ist der **Schneesperling** *(Montifringilla nivalis)*. Als typischer Hochgebirgsbewohner kommt er bei uns nur in den Hochlagen der bayerischen Alpen vor. In den alpinen Regionen Österreichs und der Schweiz ist er ein verbreiteter Brutvogel. Bis vor wenigen Jahren war dieser Vogel als »Schneefink« bekannt, doch molekulargenetische Analysen ergaben, dass er nicht wie bis dahin angenommen zur Verwandtschaft der Finken, sondern zur Familie der Sperlinge zählt. Seinen lateinischen Gattungsnamen »Montifringilla« (»Fink der Berge«) durfte, ja musste er, den strengen Regeln der wissenschaftlichen Systematik folgend, trotzdem behalten. Mit dem echten Bergfink *(Fringilla montifringilla)*, einem nahen Verwandten unseres Buchfinken, der verbreitet in den Wäldern des hohen Nordens brütet und in der kalten Jahreszeit als häufiger Durchzügler und Wintergast in unseren Breiten erscheint, ist er mithin nicht verwandt.

Schneesperlinge sind harte Burschen: Ihr Brutgebiet liegt in Höhen zwischen etwa 1900 und 3000 Metern auf steinigen, kurzrasigen Matten, Schuttfeldern und Blockhalden, bevorzugt in der Nähe von Gletschern und Schneefeldern. Dort fegen oft eisige Winde über die Hänge und Gipfel, mitunter liegt noch bis in den Juni hinein eine fast geschlossene Schneedecke, und Neuschnee sowie Temperaturstürze unter den Gefrierpunkt sind auch im Hochsommer nichts Außergewöhnliches. Unter diesen Bedingungen nicht nur zu überleben, sondern auch noch erfolgreich zu brüten und Junge aufzuziehen, erfordert schon ein gehöriges Maß an Zähigkeit. Nur wenige Vogelarten leisten dem Schneesperling dabei Gesellschaft, etwa die Alpendohle, das Alpenschneehuhn, die in Deutschland seltene Felsenschwalbe oder der gefiederte König der Berge, der Steinadler. Nach Süden ausgerichtete Steilhänge und Felsabsätze sowie windexponierte Grate, an denen der Schnee schnell schmilzt oder abgewehrt wird, sind daher für den Schneesperling unerlässlich. Nur dort findet er ausreichend Nahrung für sich und seinen Nachwuchs. Besonders gern werden die fetten Larven bestimmter Schnakenarten *(Tipulidae)* gesammelt, die unter dem Schnee leben und beim Abtauen von Schneefeldern freigelegt werden. Dank dieser proteinreichen Nahrung wachsen die Jungen gut geschützt in tiefen Spalten und Klüften von Felswänden heran. Die Nester können aber auch bodennah in

Steinhaufen oder sogar in verlassenen Murmeltierbauen angelegt werden. Mit dem Vorrücken des Tourismus selbst in entlegene Gipfelregionen hat sich der Schneesperling mehr und mehr zum Kulturfolger des Menschen entwickelt: An Seilbahnstationen, Gastronomiebetrieben oder Lagergebäuden finden die geselligen Vögel nicht nur geeignete Nischen und Höhlungen zum Brüten, sondern auch ein zusätzliches und häufig recht üppiges Nahrungsangebot in Form von Speiseresten oder gezielter Fütterung durch Touristen – vor allem im Winter ein nicht zu unterschätzender Vorteil. Angewiesen sind die robusten Schneesperlinge auf die menschlichen Almosen jedoch nicht: Sie finden auch im Winter immer noch genügend natürliche Nahrung in Form von Samen der dort wachsenden Gräser und Alpenblumen. Jedenfalls weichen sie auch bei widrigen Wetterbedingungen nur selten in tiefere Lagen aus. Wichtig für das Überleben der Vögel sind vor Sturm und Schnee gut geschützte Schlafplätze in tiefen, engen und möglichst stark seitwärts gekrümmten Spalten in Felswänden. Dort, vor eisigen Winden geschützt, herrscht ein im Vergleich zu den Außentemperaturen geradezu kuscheliges Mikroklima, das den Schneesperlingen auch unter extremen Bedingungen das Überleben ermöglicht. Gerade in den kältesten Nächten erweisen sich die als Schlafplätze gewählten Felsrisse als besonders günstig: So ergaben Messungen auf dem 2320 Meter hoch gelegenen Eigergletscher in der Schweiz eine Lufttemperatur von minus 27 Grad Celsius und eine relative Luftfeuchtigkeit von mehr als 70 Prozent. Im Inneren der bis zu 700 Meter höher gelegenen Schlafrisse, einen Dreiviertelmeter vom Eingang entfernt, war es dagegen nur halb so feucht und minus 9 Grad »warm«.

Jeder Vogel beansprucht seine eigene Schlafkammer als Überlebensgarantie, die gegen Artgenossen notfalls erbittert verteidigt wird. Gemeinschaftliches Nächtigen als sich gegenseitig wärmendes Federknäuel, wie es zum Beispiel bei Zaunkönigen oder Baumläufern im Winter zu beobachten ist, kommt bei den sonst sehr geselligen Schneesperlingen nicht vor. Selbst wenn sich die Vögel tagsüber an menschlichen Ansiedlungen einfinden, um dort nach Nahrung zu suchen, fliegen sie abends ihre vertrauten Schlafplätze an, die bis zu drei Kilometer von den Tagesaufenthaltsgebieten entfernt sein können.

Große Schwärme erinnern im tanzenden Fluge durch die sehr auffallende, weiß und schwarz gemusterte Zeichnung von Flügeln und Schwanz an ein Schneegestöber. Im Sitzen sind Schneesperlinge eher unauffällig mit bräunlichem Rückengefieder, grauem Kopf und heller Unterseite. Vom wesentlich bunteren Haussperling unterscheiden sie sich nicht nur durch ihre Gefiederfärbung: Schneesperlinge sind bedeutend größer und hüpfen am Boden nicht

Schneesperlinge sind Charaktervögel alpiner Regionen.

wie jener, sondern gehen oder laufen mit ausholenden Schritten, vielleicht als eine Anpassung an das oft unwegsame Gelände in ihrem Lebensraum. Auch hinsichtlich der Lautäußerungen, des Nestbaus und anderer Verhaltensweisen gibt es teilweise beträchtliche Unterschiede zwischen Haussperling und Feldsperling einerseits und dem Schneesperling andererseits.

Nicht nur in den Alpen kann man diesen Überlebenskünstlern begegnen: Das in viele kleine Populationen aufgesplittete Verbreitungsgebiet des Schneesperlings umfasst in Europa auch die Pyrenäen und das Kantabrische Gebirge im Norden Spaniens, die italienischen Abruzzen und erstreckt sich über Teile des Balkans bis nach Griechenland und in die angrenzende Türkei. Innerhalb dieser Gebiete gibt es viele inselartige Vorkommen mit jeweils nur wenigen, oft auch lokal sehr lückenhaft siedelnden Brutpaaren oder kleinen Kolonien. Größere Verbreitungslücken wurden auch in den Bayerischen Alpen festgestellt. Dort ermittelten geländegängige Vogelkundler im Rahmen der Erfassungen für den aktuellen »Atlas der deutschen Brutvogelarten« (ADEBAR) 140 bis 270 Reviere des Schneesperlings. Diese Zahlen sind angesichts des schwierigen Geländes und der Unzugänglichkeit vieler potenzieller Brutgebiete nur als Minimalbestand zu werten. Obwohl eine direkte Bedrohung der bayerischen Population momentan nicht erkennbar ist, wird der Schneesperling wegen seines nur kleinen und begrenzten Verbreitungsgebietes in Deutschland auf der Roten Liste der gefährdeten Brutvogelarten geführt und steht dort in der Kategorie »R« (Arten mit geografischer Restriktion). Langfristig könnte der Schneesperling bei uns sehr wohl gefährdet sein: Steigende Durchschnittstemperaturen als Folge des Klimawandels lassen den Lebensraum dieses kälteliebenden Vogels schrumpfen: Eis und Schnee ziehen sich immer weiter zurück, und mit den steigenden Temperaturen kann höhere Vegetation die jetzt noch kargen Lebensräume des Schneesperlings besiedeln. Die Tiere müssen also in immer größere Höhen ausweichen, um noch geeignete Lebensbedingungen zu finden. Doch auch die höchsten Berge sind endlich, vor allem in den deutschen Alpen, deren höchster Gipfel, die Zugspitze, gerade einmal 2962 Meter misst.

Der wärmeliebende Steinsperling ist in Deutschland ausgestorben.

Klimaveränderungen haben maßgeblich auch zum Verschwinden einer weiteren ursprünglich bei uns beheimateten Sperlingsart beigetragen: Der **Steinsperling** *(Petronia petronia)* war noch bis in die Mitte des vorigen Jahrhunderts in klimabegünstigten Bereichen des südlichen und östlichen Deutschlands verbreitet. Ganz im Gegensatz zum Schneesperling, mit dem er enger verwandt ist als mit den *Passer*-Arten Haussperling und Feldsperling, liebt er es warm und trocken. Zwar steigen im Zuge des fortschreitenden Klimawandels die Durchschnittstemperaturen, doch liegt dies bei uns vor allem an den zunehmend milderen Wintern. Die Sommer sind dagegen im Vergleich zu früher in vielen Teilen Deutschlands eher kühler und feuchter geworden, und so zog sich der Steinsperling in den Mittelmeerraum zurück, wo man ihm auch heute noch häufig begegnen kann.

Dort, wie auch in weiten Teilen Asiens, besiedelt er ein großes Spektrum an Lebensräumen von flachen Steppengebieten bis zu halbwüstenartigen Hügel- und Gebirgslandschaften. Er lebt auch in extensiv genutztem Kulturland und selbst in Ortschaften. Zum Brüten benötigt der wie alle Sperlingsarten gesellig lebende Vogel Höhlen und Nischen in Felsen, Burgen, Ruinen, Hauswänden, unter Dächern oder auch in Bäumen. Solche Örtlichkeiten lieben auch andere Nischen- und Höhlenbrüter wie Haussperlinge und Stare. Deren körperliche Überlegenheit im Kampf um Nistgelegenheiten dürfte in Verbindung mit den klimatischen Veränderungen ebenfalls eine Rolle für das Verschwinden des Steinsperlings aus Deutschland gespielt haben. Damals nistete er hierzulande vor allem an sonnigen, oft mit lockerem Gebüsch bestandenen Felshängen und an Burgruinen. Der letzte bekannte Brutplatz befand sich auf der Salzburg bei Neustadt an der Saale, wo 1944 letztmals ein Steinsperlingspaar beobachtet wurde. Ein 1959 unternommener Wiederansiedlungsversuch am Schloss Arenfels bei Bad Hönningen im Kreis Neuwied scheiterte, sodass der Steinsperling heutzutage in Deutschland nur noch in der Roten Liste als »ausgestorben oder verschollen« auftaucht.

Gefiederte Nachbarn der Spatzen

Spatzen leben, wie alle Organismen, nicht isoliert in ihrem Lebensraum, sondern sind Teil einer mehr oder weniger komplexen Lebensgemeinschaft, in der die einzelnen Arten in vielfältigen Beziehungen zueinander stehen. Spatzen sind daher in den verschiedenen Lebensräumen, die sie bewohnen, jeweils mit solchen Vogelarten – und nur um diese soll es hier gehen – vergesellschaftet, die mehr oder weniger ähnliche Ansprüche an ihr Bruthabitat stellen. Gemeinsam bilden sie die typische Vogelgemeinschaft (Avizönose) des jeweiligen Lebensraumes.

Kleinbäuerlich geprägte Dörfer mit Hofstellen, in denen nicht jeder Winkel gepflastert ist und Wildkräuter sprießen dürfen, mit Misthaufen und frei laufenden Hühnern, mit blühenden Obstwiesen, Hecken und vielfältigen Nutzgärten sind ein Paradies nicht nur für Haussperlinge und Feldsperlinge. In Viehställen und Scheunen errichten **Rauchschwalben** ihre halbkugeligen Lehmnester, die knapp unterhalb der Decke an Wände oder dicke Balken gemörtelt werden. Ein offenes Fenster oder ein kleiner Türspalt genügen den eleganten Flugkünstlern, um ins Innere zu gelangen. **Mehlschwalben** dagegen errichten ihre Nester, oft in großen Kolonien, stets an den Außenfassaden der Gebäude. Haussperlinge brüten manchmal in verlassenen Mehlschwalbennestern, doch kommt es auch vor, dass sie die rechtmäßigen Besitzer daraus vertreiben. In Finnland soll der freche Spatz sogar für die meisten Verluste von Mehlschwalbenbruten verantwortlich sein. Das Anbringen von Nisthilfen für die Spatzen könnte dort für Abhilfe sorgen. Allerdings muss der Mangel an geeigneten Nistplätzen nicht der ausschlaggebende Grund für dieses Verhalten sein: In einem Fall vernichteten Haussperlinge innerhalb von vier Jahren fast die Hälfte aller Nester in einer Rauchschwalbenkolonie, ohne die Nester selbst zu nutzen. Mehrfach wurde beobachtet, dass einzelne Spatzen Rauchschwalben, die sich zu mehreren auf einer Stromleitung aufgereiht hatten, regelrecht aufmischten: Eine nach der anderen wurde durch Anflug von unten oder frontal vertrieben, ohne dass ein Grund hierfür erkennbar gewesen wäre. Vielleicht war es pure Gehässigkeit, wahrscheinlicher aber spielerisches Verhalten der gefiederten Rambos.

Nischen und Höhlungen an Wohnhäusern und anderen Gebäuden werden nicht nur von Spatzen genutzt: Auch die schwarz-weiß gefiederte **Bachstelze** mit ihrem langen, ständig wippenden Schwanz und der **Grauschnäpper** errichten gern ihre Nester darin, ohne auf diesen Typ Neststandort zwingend angewiesen zu sein. Der Grauschnäpper ist ein kleiner, unauffällig gefärbter Singvogel, der vor allem durch seine typische Jagdweise auffällt: Von einer Sitz-

Rauchschwalben brüten in Ställen und Scheunen.

warte aus späht er nach vorüberfliegenden Insekten, die er dann in elegantem, wendigem Flug erhascht, um anschließend auf seinen Ausguck zurückzukehren. Ausgesprochen bunt gefärbt ist das Männchen des **Gartenrotschwanzes.** Die orangerote Färbung von Brust und Bauch kontrastiert wirkungsvoll mit dem Tiefschwarz von Gesicht und Kehle und der grauen Oberseite. Ein weißes Stirnband und helle Flügelflecken sind weitere Attribute des schmucken Sängers. Sein Weibchen ist – wie so oft in der Vogelwelt – viel unauffälliger gefärbt, hat aber ebenfalls den namengebenden kräftig rotbraunen Schwanz, der in Erregung häufig zittert. Der Gartenrotschwanz ist ein Höhlenbrüter, der

Der hübsche Stieglitz wird auch Distelfink genannt.

an sonnigen Waldrändern und in großen Gärten, bevorzugt mit alten, hochstämmigen Obstbäumen, brütet. Unverkennbar durch seine schwarz-weiß-rot gefärbte Kopfzeichnung und sein fröhlich klingendes *stiglitt* oder *tigg-tiggelitt* ist der **Stieglitz** oder **Distelfink,** der zum »Vogel des Jahres 2016« erklärt wurde. Er ist im Herbst ein regelmäßiger Besucher der Samenstände von Disteln und verwandten Arten, wo er mit seinem für einen Finkenvogel auffallend schlanken

Schnabel die Samen aus den stacheligen Köpfen erntet. Ebenfalls zu den Finken zählt der **Bluthänfling**, so genannt nach seiner blutrot gefärbten Brust und ebensolcher Stirn. Zahlreiche weitere Vogelarten sind in dieser »Dorfvogelgemeinschaft« zu finden, zum Beispiel der **Girlitz** mit seinem klirrenden Gesang, die leuchtend gelb gefärbte **Goldammer** und natürlich der **Weißstorch**, in dessen gewaltigen Horsten auf Dächern und Masten oft zahlreiche Spatzen als Untermieter brüten.

In dicht bebauten Stadtbereichen, in denen der Feldsperling fehlt, trifft der dort heimisch gewordene Haussperling auf gefiederte Nachbarn, die wie er selbst ursprünglich aus ganz anderen Lebensräumen stammen, allerdings nicht aus der Steppe, sondern aus dem Gebirge oder anderen felsigen Lebensräumen.

Als Jugendlicher war ich während eines Urlaubs in den Alpen sehr erstaunt, einen **Hausrotschwanz** aus einer Felswand singen zu hören, den ich bis dahin nur aus der Stadt kannte. Dabei ist das seine ursprüngliche Heimat. In der Kunstfelsenlandschaft der Städte und Siedlungen mit ihren zahlreichen Steinbauten fand der Bergbewohner einen neuen Lebensraum und wurde zum »Haus«rotschwanz, der seinen wenig melodisch klingenden Gesang aus knirschenden und quietschenden Lauten schon weit vor Sonnenaufgang von Dächern und Fernsehantennen ertönen lässt.

Ursprüngliche Felsbewohner sind auch zahlreiche andere uns wohlvertraute Vogelarten, allen voran die **Stadttaube** oder **Straßentaube.** Ihre wilde Stammform, die Felsentaube, lebt noch heute in Bergregionen Südeuropas und an schroffen Klippen der Britischen Inseln. Bereits vor 3000 bis 4000 Jahren begannen Menschen damit, die Felsentaube zu domestizieren und züchterisch zu verändern. So entstanden verschiedene Farbschläge, Typen und Rassen, die teilweise wieder verwilderten und zu den heutigen Stadttauben wurden. Ähnlich wie Haussperlinge haben sie es geschafft, sich ganz an den Menschen anzupassen und beispielsweise Essensreste wie Currywurst mit Pommes zu verwerten, die kaum ein anderer Vogel anrühren würde. In London haben es manche Tauben sogar gelernt, gezielt öffentliche Verkehrsmittel zu nutzen: Wie Berufspendler steigen sie morgens in eine U-Bahn, fahren bis zu einer bestimmten Station, in deren Umfeld sie offenbar gute Nahrungsgründe kennen, und pendeln abends wieder zurück – und das, ohne je ein Ticket zu lösen ... »Gewohnheitsmäßige Erschleichung von Beförderungsleistungen« würden Kontrolleure ein solch dreistes Verhalten nennen, aber sie drücken offenbar regelmäßig ein Auge zu. So klug und anpassungsfähig Spatzen auch sind und so sehr sie immer wieder für Überraschungen gut sind – mit der U-Bahn ist wohl noch keiner von ihnen freiwillig gefahren. Denn ein kleiner Spatz auf engem Raum inmitten einer Menschenmenge, noch dazu ohne den Schutz seiner ihm vertrauten Sippe, würde sich zu Tode fürchten. Tauben jedoch scheint es nichts auszumachen, zwischen den vielen Beinen herumzulaufen, sie sind Menschen gegenüber viel weniger misstrauisch und weniger vorsichtig als Spatzen.

Ursprüngliche Felsbewohner sind auch die bereits genannten Schwalben und ebenso die **Mauersegler,** die mit oft halsbrecherisch erscheinenden Flugmanövern durch die Häuserschluchten jagen und dabei oft nur um Zentimeter an Hausmauern und Dachecken vorbeischrammen. Wegen ihrer Vorliebe für hohe Gebäude und weil sie bei flüchtiger Betrachtung ein ähnliches Flugbild haben, werden sie vielfach auch »Turmschwalben« genannt. Mit den Schwalben sind sie jedoch nicht verwandt und zählen auch nicht zu den Singvögeln. Ihre nächsten Verwandten sind – wer hätte das gedacht – die Kolibris. Mauersegler sind Flugkünstler der Superlative, die oft sogar im Fluge schlafen und für gewöhnlich nur zum Brüten festen Boden berühren. Ähnlich wie Spatzen legen Mauersegler ihre kunstlosen Nester versteckt in ausreichend tiefen Ritzen und Spalten des Mauerwerks oder in Hohlräumen unter Dachpfannen an. Insofern besteht zwischen beiden Arten eine direkte Konkurrenz um Nistplätze. Spatzen richten sich gern überall ein, wo es ihnen passt, und das kann auch die angestammte Nesthöhle von Mauerseglern sein. Die extrem brutplatztreuen Mauersegler, die als ausgesprochene Zugvögel erst Anfang Mai aus Afrika zurückkehren, sind aber keineswegs zimperlich, wenn es darum geht, die ungebetenen Hausbesetzer zu vertreiben. Eier und selbst Jungvögel werden rigoros hinausbefördert. Gegen Mauersegler haben selbst die frechen Spatzen keine Chance, auch nicht gegen **Stare,** die nicht nur in Baumhöhlen und Nistkästen brüten, sondern ebenfalls geeignete Stellen an Gebäuden und unter Dächern für sich beanspruchen. Haussperlinge ihrerseits verdrängen nicht selten schwächere Vogelarten wie Bachstelze, Grauschnäpper oder Hausrotschwanz und auch den Feldsperling.

Ursprüngliche Felsbrüter sind auch **Turmfalke** und **Wanderfalke.** Turmfalken leben nicht nur in der Stadt, sondern ebenso in der Agrarlandschaft und erbeuten dort vor allem Mäuse und andere Kleinsäuger auf Wiesen und Feldern. Städtische Populationen haben sich aber häufig auf Kleinvögel spezialisiert. Wo Spatzen noch häufig sind, stellen sie einen Großteil der Beutetiere des Turmfalken, ähnlich wie beim **Sperber,** der vor allem im Winter zum Jagen in Vorstädte und Dörfer kommt, mittlerweile aber auch in Parks und Hinterhöfen brütet. Der größere Wanderfalke, ein ausgesprochener Vogeljäger wie der Sperber, erbeutet ebenfalls den einen oder anderen Sperling, hält sich aber meist an größere Beutetiere wie Drosseln, Enten, Möwen oder Krähen, die er in blitzschnellem Angriffsflug in der Luft schlägt.

Feldsperlinge leben bevorzugt in Kleingärten, in Feldgehölzen oder an Waldrändern und treffen dort auf andere Höhlenbrüter wie **Meisen, Kleiber** oder **Stare**. Auch der bereits erwähnte **Gartenrotschwanz** und der **Trauerschnäpper** profitieren vom oft reichhaltigen Angebot an künstlichen Nisthöhlen oder von der Vorarbeit durch **Buntspecht** oder **Grünspecht.** Außer den körperlich überlegenen Staren und vielleicht auch dem einen oder anderen mutigen Kleiber haben die genannten Meisen, Gartenrotschwänze und Trauerschnäpper das Nachsehen, wo Feldsperlinge häufig sind. Letztere räumen die Nester ihrer Konkurrenten aus, picken die Eier an und töten Nestlinge durch zahlreiche Bisse. Oder sie vertreiben deren Eltern und bauen ihr eigenes Nest einfach auf das der Vormieter. Da Feldsperlinge mittlerweile viel seltener sind als die allgegenwärtigen Kohlmeisen und Blaumeisen, sollte man es ihnen nicht übel nehmen, wenn sie sich notwendigen Nistraum auf deren Kosten erkämpfen, und sollte gegebenenfalls im eigenen Garten ein paar Nistkästen mehr aufhängen (siehe Seite 121). Die in Gärten und Parks häufigen **Amseln, Rotkehlchen, Heckenbraunellen, Buchfinken, Grünfinken** und viele weitere Vogelarten sind Freibrüter und haben von den Feldsperlingen nichts zu befürchten.

Im Winter treffen sich alle am Futterhäuschen, dort können Spatzen durch ihre schiere Anzahl und ihre Gewohnheit, an Ort und Stelle zu fressen, schwächere und scheuere Arten vom Futter fernhalten. Normalerweise geht es aber, abgesehen von manch harmlosen Auseinandersetzungen zwischen Artgenossen oder auch artfremden Vögeln, zwar mitunter hektisch, aber weitestgehend friedlich zu.

Spatz und Mensch – eine zwiespältige Beziehung

Der Spatz ist für viele Menschen der Inbegriff des Vogels überhaupt, vor allem deshalb, weil er früher allgegenwärtig war. Zahlreiche regionale Namen wie Mösch oder Möösch, Lüling, Lüning, Lüntje, Lünk, Dacklüün, Mistfink oder Korndieb belegen die enge Vertrautheit der Menschen mit den Spatzen, ebenso bekannte Redewendungen.

Der Vogel wurde für seine Dreistigkeit und Gewitztheit halb bewundert, halb geschmäht. Ein Mensch mit solchen Eigenschaften war »frech wie ein Spatz«. Kinder, die schmutzig vom Spielen nach Hause kommen, werden noch heute als »kleine Dreckspatzen« tituliert. Wer nicht so ganz helle im Kopf war, hatte ein »Spatzenhirn«. Letzteres wäre nach neuen Erkenntnissen heute eher als Kompliment zu werten (siehe Seite 24), aber wissenschaftliche Fakten spielten bei der Entstehung dieser Redewendungen ohnehin keine Rolle, sondern nur das allgemeine Volksempfinden. »Die Spatzen pfeifen von den Dächern«, was ohnehin längst jeder weiß, aber nicht jeder wissen sollte – ein offenes Geheimnis nämlich. Jemand mit wenig Appetit »isst wie ein Spatz«, und wer viel Aufhebens um eine Petitesse macht, »schießt mit Kanonen auf Spatzen«. Dabei sollte man sich lieber mit etwas Kleinem und Erreichbarem zufriedengeben als von etwas Größerem und vermeintlich Besserem zu träumen, dessen Erreichen ungewiss ist – ganz nach dem Motto: »Lieber den Spatz in der Hand als die Taube auf dem Dach.« Und wer ohne ausreichende eigene Kenntnis in einer bestimmten Sache fachlich versierteren Zeitgenossen seine Meinung aufdrängen wollte, von dem hieß es: »Der Spatz will die Nachtigall singen lehren.« Der Spatz wurde wegen seiner häufigen Kopulationen (siehe Seite 60), die noch dazu direkt vor den Augen der Menschen, also gewissermaßen öffentlich stattfinden, auch zum Sinnbild der Unkeuschheit und Wollust. Ein sehr potenter Mann »kann wie ein Spatz«. Noch direkter ist das Französische: Dort wird das männliche Geschlechtsteil übersetzt auch als »Spatz« bezeichnet, und die Genitalien von Frauen, vorzugsweise solchen, die auf der Straße nach Freiern suchen, als »Spatzenkäfig«. Ebenso dürfte das umgangssprachliche Wort »vögeln« für Geschlechtsverkehr aus der Beobachtung sich paarender Spatzen entstanden sein.

Andererseits ist der Spatz klein, zart und weckt Beschützerinstinkte, und so wurde sein Name auch zum Kosewort für die Liebste oder für ein Kind: »Mein Spatz«. Meine Großmutter begann ihre nahezu täglichen Briefe an jeden ihrer beiden Söhne, die einen Teil der Kriegsjahre im Rahmen der sogenannten Kinderlandverschickung geschützt vor Bomben und Gewehren in einem weit entfernten Lager verbrachten, stets mit den Worten »mein kleiner Spatz« für meinen späteren Vater und »mein großer Spatz« für dessen zwei Jahre älteren Bruder.

Die Franzosen nannten die berühmte Chansonsängerin Edith Piaf (bürgerlich: Edith Gassion, 1915–1963) liebevoll den »Spatz von Paris«, dies nicht etwa in Anspielung an ihre Sangeskünste, sondern weil die nur 1,47 Meter kleine Edith ihre große Karriere einst als Straßenmusikerin begonnen hatte und damals von ihrem Entdecker den Namen »la môme piaf« (die Spatz-Göre) bekam. Aber auch, weil sie, die aus sehr schwierigen Verhältnissen stammte, sich auch durch zahlreiche Schicksalsschläge im Laufe ihres Lebens nie unterkriegen ließ – ganz so wie ein Spatz, der in der Gosse zäh überlebt. Die ebenfalls klein gewachsene französische Sängerin Mireille Mathieu wurde in Deutschland – offenbar in Anlehnung an den Beinamen der Piaf, die ihr musikalisches Vorbild war – als »Spatz von Avignon« bekannt (in ihrem Heimatland dagegen als »Demoiselle d'Avignon«, das »Fräulein von Avignon«). Auch ein berühmter Knabenchor ist nach dem uns so vertrauten Vogel benannt: die Regensburger Domspatzen.

Ein Domspatz ganz anderer Art ist auf dem Dach des Hauptschiffs des Ulmer Münsters zu bewundern, eine überdimensionale Spatzenfigur mit einem stilisierten Strohhalm im Schnabel. Damit hat es eine besondere Bewandtnis: Der Legende nach wollten einst Ulmer Bürger für den Bau des Münsters besonders lange Holzbalken in die Stadt bringen, doch quer auf ein Pferdefuhrwerk gelegt, passten sie nicht durchs Stadttor. Als sie nach langem Hin-und-her-Überlegen schließlich das Tor abreißen und erweitern wollten, sahen sie einen Spatzen mit einem langen Halm in eine Turmnische fliegen. Der pfiffige Vogel drehte den Halm von quer auf längs, um ihn eintragen zu können, und brachte die ratlosen Ulmer so auf die Idee, mit den Hölzern ebenso zu verfahren. Aus Dank setzten sie dem klugen Vogel ein Denkmal auf dem Münster. Seitdem ist der Spatz das inoffizielle Wappentier der Stadt Ulm, dem man sogar im Weltall begegnen kann: Ein 1987 entdeckter Asteroid erhielt den Namen »Ulmerspatz«. Doch echte Spatzen auf einem Gotteshaus sind nicht jedermann willkommen: Anno 1559 fühlte sich ein Dresdener Pfarrer bei seiner Predigt durch das »verdrießlich große Geschrei« der Sperlinge dermaßen gestört, dass er die Radauvögel kurzerhand exkommunizierte.

Beinahe legendär, aber angeblich wahr ist folgende Begebenheit: Eine Urlauberin aus dem Norden entdeckte auf der Speisekarte eines süddeutschen

Wo Menschen siedeln, sind Spatzen nicht weit.

Restaurants »Spätzle« und ließ empört den Geschäftsführer rufen, um entschieden gegen das vermeintliche kulinarische Angebot von Singvögeln auf dem Teller zu protestieren ... Woher nun aber der Name »Spätzle« für die schwäbische Teigspezialität kommt, ist unklar. Claus-Peter Lieckfeld und Veronika Straaß erwähnen in ihrem Buch »Mythos Vogel« folgende Deutung, die sie für nicht völlig abwegig halten: Das italienische Wort »Pasta« könnte im Deutschen mundartlich zu »Passer« (lat. »der Sperling«) geworden sein. Und als der früher auch im Deutschen für den Sperling gebräuchliche Name »Passer« weitgehend von »Spatz« verdrängt wurde, wurden auch die Teigwaren zu »Spatzen« oder schwäbisch »Spätzle«.

Trotz der liebevoll-freundlichen Koseform »Mein Spatz« und der Bewunderung für berühmte Chansonetten: Ein eindeutig positives Image wie etwa das niedlich wirkende Rotkehlchen, die elegante und Glück verheißende Schwalbe, der farbenprächtige Stieglitz oder die wunderschön singende Nachtigall hatte der Spatz, der Inbegriff der Gewöhnlichkeit, nie. Ganz im Gegenteil: Bei der Landbevölkerung war der »Korndieb« früher als Getreideschädling verhasst und gefürchtet. Nicht ganz zu Unrecht, wie die Untersuchungen einer Vogelkundlerin ergaben: Sie analysierte die Mageninhalte von insgesamt 1657 Haussperlingen und rechnete hoch, dass die Vögel pro Kopf und Jahr im Schnitt 4680 Gramm Hafer oder 3900 Gramm Gerste verdrückten. Dem stehen rund 23 000 Insekten gegenüber, die ein Spatzenpaar in einer Brutsaison an seine Jungen verfütterte (siehe Seite 66). Angesichts der früheren Häufigkeit der Vögel, die in teils riesigen Schwärmen über die Getreidefelder und Kornspeicher herfielen, konnten sie arme Kleinbauern durchaus in Existenznot bringen.

Bauerngehöfte bieten Spatzen Nahrung und Unterschlupf.

Schon bei der Aussaat ging ein mehr oder weniger großer Anteil der ausgebrachten Getreidekörner an die Spatzen verloren. Um die gefräßigen Sperlinge von der Saat abzuhalten, war der Volksglaube um mehr oder weniger kuriose Ratschläge zu ihrer Abwehr nicht verlegen, wie Ernst und Luise Gattiker in ihrem Buch »Die Vögel im Volksglauben« an zahlreichen Beispielen darstellen: So sollte man etwa »in Oldenburg beim Säen der Erbsen die erste und letzte Erbse in den Mund nehmen, in Böhmen entweder einen Span vom Holz, aus dem ein Sarg gemacht wurde, ins Feld stecken oder ein Totenbein vom Kirchhof auf das Gesims der Scheune legen. ... Allgemein ist der Glaube, man müsse, drei Samenkörner unter der Zunge, schweigend säen und diese dann im Namen des Allerhöchsten in einen Strauch spucken.« Beim Säen zu sprechen, war offenbar gar nicht gut, denn ein uraltes Rezept beschrieb, wie man sich selbst daran hindern konnte: »Wilt du, daß kein Spatz oder ander Vogel dir den Hirse oder Gerste fressen, so nimm von einer Radspeichen ein Spänlein, und wenn du säest, so nimm selbiges zwischen die Zähne und rede nicht. Hernach wenn du mit dem Säen fertig bist, so vergrabe solches Spänlein an einem Ende des Beetes. Wenn nun der Hirse reif, so setzen sie sich zwar darauf, sperren die Mäuler auf, können aber nichts genießen, sondern müssen wieder davonfliegen.« Anderenorts hieß es, man solle beim Säen den Sack mit der Frucht auf den Acker des Nachbarn setzen, so sollten nämlich die Sperlinge blind werden und könnten der gereiften Saat nichts anhaben. Spatzen als Ausgleich für den erlittenen Schaden zu fangen und zu essen, war auch nicht unbedingt angeraten, wie der Schweizer Naturforscher Conrad Gesner, dem schon das »unkeusche« Verhalten der Spatzen aufgefallen war (siehe Seite 60),

Spatzen – seit Jahrhunderten umstritten

Die Kurmainzische Verordnung gegen die Spatzenplage vom 3. Februar 1745 stellt fest, »dass durch die sich in großer Menge einfindenden Spatzen dem Landmann ein ziemlicher Abgang und Schaden zugefügt« werde. Allen »Bürgern, Untertanen und Beisassen« ward daher befohlen, pro Jahr 20 Spatzenköpfe abzuliefern, eine Abgabeverpflichtung, die im Volksmund auch »Spatzensteuer« genannt wurde. Jeder nicht gelieferte Spatzenkopf wurde mit einer Strafgebühr von fünf Kreuzern belegt. Entsprechende Regelungen galten auch in anderen Teilen des damals politisch stark zersplitterten Mitteleuropas. Warum diese Vögel so verhasst waren, wird aus der Schilderung des französischen, naturwissenschaftlich durchaus gebildeten Grafen Buffon deutlich: »Da sie faul sind und viel fressen, so nehmen sie ihren Unterhalt aus schon ganz angefüllten Vorräthen, das heißt, sie leben von den Güthern eines anderen. Unsere Scheunen, Kornböden, Höfe, Taubenhäuser, mit einem Worte, alle Oerter, wo man Korn sammlet und ausschüttet, besuchen sie am vorzüglichsten. Und da sie eben so gefräßig als zahlreich sind, so thun sie mehr Schaden, als sie Nutzen stiften, denn ihre Federn taugen zu nichts, ihr Fleisch ist nicht wohlschmeckend, ihre Stimme beleidigt unsere Ohren, ihre Zudringlichkeit ist beschwerlich, ihr unverschämter Muthwillen ist lästig, sie sind überhaupt Geschöpfe, die man überall antrifft, und von denen man nicht weiß, was man mit ihnen machen soll und die so viel Verdruß verursachen, dass sie in gewissen Gegenden in die Acht erklärt *(geächtet wurden)* und ein Preis auf ihr Leben ausgesetzt ist.«

Peter Kretschmar, ein Ökonom des 18. Jahrhunderts, rechnete aus, dass in einem Land mit 100 Städten und 4000 Dörfern die Spatzen einen Schaden von 4 400 000 Reichstalern anrichten, wenn man auf jede Stadt nur 1000 und auf jedes Dorf nur 500 Sperlinge rechnet. Aber schon damals gab es auch Fürsprecher: Im Jahr 1771 veröffentlichte ein Pastor Germershausen im »Wittenbergischen Wochenblatt« eine Verteidigungsschrift für den Sperling, die, abgesehen von ihrer religiösen Einfärbung, in ihrer Ethik überaus modern wirkt: Die Schullehrer müssten den Kindern »begreiflich machen, dass eins um des andern willen da sey. Gottes Weisheit wisse wohl für das Gleichgewicht seiner Creaturen untereinander zu sorgen, und der Mensch tadle Gott, wenn er ein oder anderes Werk desselben aus der Schöpfung wegwünschet«. Auch weist er auf die Rolle der Spatzen bei der biologischen Schädlingsbekämpfung hin, namentlich durch das Vertilgen der Raupen von Blattwickler-Schmetterlingen, die bei einer Massenvermehrung Obstbäumen schaden können: »Hier allein erscheint der Nutzen des Sperlings in seiner ganzen Größe, indem er das vorgedachte Insect vom April bis in den Junius seine Hauptspeise seyn lässt, und da, wo er nicht gestöret und in genugsamer Menge beysammen gelassen wird, unsere Obstbäume an Früchten und Blättern zu unserm

> augenscheinlichsten Nutzen und Vergnügen wider ihre Feinde in Schutz nimmt und glücklich vertheidiget.« Auch dies eine Sichtweise, die sich erst Jahrhunderte später allmählich durchzusetzen begann.
> (nach Karl Wilhelm Beichert)

schrieb, weil es den Magen verderbe und »bös Blut gebäre«. Schlimmer noch: In Tirol bekam nach altem Volksglauben jemand, der Spatzenfleisch zu sich nahm, unweigerlich den Veitstanz, in Posen dagegen die Fallsucht. Schade eigentlich, glaubte man doch anderenorts verbreitet, dass das Fleisch der »unkeuschen« Vögel auch beim Menschen den Liebesdrang fördere ...

Über Jahrhunderte und bis in die 1950er-Jahre hinein wurden die Spatzen in Deutschland und vielen anderen Gegenden eifrig bekämpft, und in der Wahl der Mittel waren die Menschen nicht zimperlich: Man schoss die Vögel ab, fing sie zu Hunderttausenden in speziellen Fallen und legte vergifteten Weizen aus. Vielfach wurden amtlicherseits Geldprämien für getötete Spatzen ausgelobt, und gebietsweise gab es sogar die Verpflichtung zu ihrer Bekämpfung. Für Kinder, besonders Jungen, war der Gebrauch der »Spatzenschleuder« ein normaler Zeitvertreib und brachte manchen Taler ein. Heute nimmt man zwar an, dass derlei Vernichtungskampagnen wohl nicht selten auf übertriebenen und pauschalisierten Schadenschätzungen beruhten, doch selbst Freiherr von Berlepsch, Verfasser des damals grundlegenden Standardwerkes »Der gesamte Vogelschutz«, forderte die schonungslose Vernichtung der Spatzen. Allein 1950 töteten systematische Vergiftungsaktionen in Hessen etwa 2,5 Millionen Sperlinge und in Thüringen mindestens 1,4 Millionen. Örtliche Populationen wurden dabei zu 80 bis 95 Prozent vernichtet. Dennoch: Der zähe, vermehrungsfreudige Spatz blieb letztlich Sieger – nach nur zwei Jahren waren die gewaltigen Bestandeslücken fast überall wieder geschlossen.

»Erfolgreicher« waren die Chinesen: Im September 1957 befahl der damalige Staats- und Regierungschef Mao Zedong (1893–1976) auf dem achten Parteitag der chinesischen KP die Ausrottung der »vier großen Plagen« Fliegen, Mücken, Ratten und Sperlinge. Im darauffolgenden Frühjahr mussten landesweit alle Chinesen, damals etwa 600 Millionen, selbst fünfjährige Kinder, zur Bekämpfung der Vögel, die Jahrhunderte lang ein Lieblingsmotiv chinesischer Landschaftsmaler gewesen waren, antreten. Nun waren sie dem Fortschritt im Weg, fraßen sie doch dem Volk das Getreide weg. Dass – so wird jedenfalls

Haussperlinge suchen auf einem abgeernteten Maisfeld nach Körnern.

berichtet – selbst einige chinesische Fachleute vorsichtige Bedenken geäußert hatten, interessierte Mao nicht. In der Tat vertilgt der Feldsperling, der in China die ökologische Nische des dort fehlenden Haussperlings innehat, weitaus weniger Getreide, dafür viel mehr »Unkraut«-Samen und Insekten als dieser. In einer konzertierten Aktion mussten also alle Menschen, die es irgend vermochten, zur »Spatzenkampagne« antreten. Tagelang und ohne Unterbrechung machten sie durch Schlagen auf Töpfe und Pfannen, mit klappernden Topfdeckeln, Tröten und Rasseln und anderen Utensilien einen Höllenlärm, schossen mit Flinten und Steinschleudern und schwenkten Tücher und Fahnen, sodass die aufgescheuchten und völlig verängstigten Vögel nirgendwo zu landen wagten. Schließlich fielen sie erschöpft zu Boden, wo ihnen endgültig der Garaus gemacht wurde. Am Ende waren in ganz China fast zwei Milliarden Spatzen tot und die Art landesweit praktisch ausgerottet. Ein Problem schien für Mao erledigt, doch schon bald gab es ein weitaus größeres: Auf den Feldern breiteten sich Insekten massenhaft aus, da deren natürliche Feinde nun fehlten, und vernichteten die Ernte. Die Folge war eine gewaltige Hungersnot, der mindestens 30 Millionen Menschen zum Opfer fielen. Erst 1960 räumte Mao seinen Fehler ein, die Spatzenjagd wurde offiziell für beendet erklärt (inoffiziell war sie es schon früher, weil es praktisch keine Spatzen mehr gab) und stattdessen Bettwanzen und Kakerlaken auf die Liste der auszurottenden Plagen gesetzt. Hätte Mao doch nur vom Alten Fritz gelernt – der Preußenkönig Friedrich II. hatte nämlich im 18. Jahrhundert das auf getötete Spatzen ausgelobte Kopfgeld wieder abgeschafft, weil wie später in China alsbald Insektenplagen die herrschaftlichen Felder heimsuchten, die er ursprünglich vor den Spatzen hatte schützen wollen. Mit dieser Entscheidung machte Friedrich der Große seinem Beinamen alle Ehre. Auch im maoistischen China reagierte man: Zehntausende Spatzen wurden aus der damaligen Sowjetunion importiert. Diese vermehrten sich offenbar nach Sperlingsart reichlich und dienten auch anderweitig Volkes Wohlergehen, wie die vorübergehende Beschlagnahme von etwa einer Million tiefgefrorener Feldsperlinge im Januar 1994 auf dem Flughafen von Amsterdam zeigte. Die Vögel waren für italienische Restaurants bestimmt, und Fachleute schätzen, dass in den 1990er-Jahren jährlich zehn bis 15 Millionen zum Verzehr bestimmte Feldsperlinge aus China nach Italien und Spanien exportiert wurden. Auch bei den Chinesen selbst wurde »Spatz am Spieß« als lokale Delikatesse angeboten. Mittlerweile sind die Spatzen aber auch im Reich der Mitte geschützt – zumindest offiziell.

Glücklicherweise setzte sich in Deutschland ein Sinneswandel zugunsten der Sperlinge auch ohne ökologische und humanitäre Katastrophen durch. Doch es dauerte recht lange, bis das überkommene, teilweise immer noch in vielen Köpfen verhaftete Schädling-Nützling-Denken hinsichtlich des Umgangs mit den Spatzen von wissenschaftlich fundierter Information abgelöst wurde. So bot noch 1965 der damalige »Deutsche Bund für Vogelschutz« (jetzt »Naturschutzbund Deutschland«, NABU) angeblich spatzensichere Futterhäuser unter den Namen »Kontraspatz« oder »Spatznit« an und gab Tipps, mit welchen Konstruktionen man diese unerwünschten Vögel abhalten könne, für Meisen und andere »schützenswerte« Vogelarten gedachte Nistkästen in Beschlag zu nehmen. Die intelligenten Spatzen konnten über beides nur müde lächeln. Heute hat sich die Situation grundlegend gewandelt: Bei den Vorbereitungen für die RTL-Sendung »Domino Day« (2005), bei der mehr als 20 000 in kunstvollen Mustern aufgestellte Dominosteine fernsehtauglich und zum Ergötzen des Publikums nacheinander umfallen sollten, sabotierte ein Spatz, der sich in die Halle verflogen hatte, das Vorhaben und warf – ganz Kunstbanause – etliche

Steine um. Die verantwortlichen Mitarbeiter des Senders ließen den Störenfried kurzerhand mit einem Luftgewehr erschießen und handelten sich damit zahlreiche wütende Proteste und bitterböse Briefe ein. Eine solch heftige Reaktion wegen eines getöteten Spatzen wäre vor wenigen Jahrzehnten noch undenkbar gewesen. Doch mittlerweile sind, wie im nachfolgenden Kapitel dargestellt, die einst so häufigen Vögel in Not geraten. Aus diesem Grunde erklärten der Naturschutzbund Deutschland, und dessen Schwesterorganisation, der Bayerische Landesbund für Vogelschutz (LBV) den Haussperling 2002 zum »Vogel des Jahres«, um die Öffentlichkeit auf die prekäre Lage der einst so häufigen Gesellen aufmerksam zu machen. Mittlerweile wird seiner Sippe sogar einmal jährlich eine besondere Ehre zuteil: Die indische »Nature Forever Society«, die sich speziell dem Schutz des Haussperlings verschrieben hat, erklärte den 20. März zum »Welttag der Spatzen«.

Die Sage von dem Fuchs und dem Sperling

Einst saß ein hungriger Fuchs unter einem Baum, auf welchem ein Sperling lustig zwitscherte. Nach einer Weile rief er hinab: »Vetter Fuchs, was sitzest du da wie ein geistlicher Herr, der über die bevorstehende Sonntagspredigt nachdenkt?« – »Du hast leicht reden«, versetzte der Fuchs, »mit einem hungrigen Magen denkt man nicht an Predigten, und wahrlich, ich bin sehr hungrig«. Da meinte der Sperling: »So, du bist hungrig, Vetter. Warte nur ein Weilchen! Da sehe ich einen Knaben herankommen, der seinem Vater das Mittagessen in den Wald bringt. Du sollst es verzehren, Vetter.« Als der Knabe herankam, flog der Sperling auf den Boden und stellte sich, als ob er nicht gut fliegen könne, indem er stets einige Schritte vor dem Knaben herflog. Der aber stellte seine Töpfe auf den Boden, um ihn zu fangen, und drang dabei, vom Sperling verlockt, immer tiefer in den Wald. Inzwischen machte sich der Fuchs über das Essen her und fraß alles auf. Dann schlich er sich zum Baum zurück und legte sich nieder. Als der Knabe zurückkam und seine Töpfe leer fand, begann er zu weinen und zu jammern und lief nach Hause. Der Sperling aber flog zurück auf den Baum und rief dem Fuchs zu: »Bist du nun satt, Vetter?« – »Ja, ich danke, Vetter«, versetzte der Fuchs, »ich fühle mich sehr wohl; nun ist es mir schrecklich langweilig, hier ohne Unterhaltung zu lungern und zu liegen!« Da sprach der Sperling: »Wenn du, Vetter, lachen willst, so komme mit mir.« So folgte der Fuchs dem voranfliegenden Sperling. Sie kamen zu einer Scheune, wo zwei Kahlköpfe droschen. Der Sperling hieß nun den Fuchs aufs Dach zu klettern und durch das Dachloch hinabzuschauen. Der Fuchs tat, wie geheißen. Der Sperling aber flog in die Scheune und setzte sich keck auf den Schädel des einen kahlköpfigen Dreschers. Der andere bemerkte den Vogel und hieb mit dem Dreschflegel nach ihm, traf aber dabei nur den Kopf seines Genossen. Der, nicht faul, gab ihm den Schlag zurück, und sie begannen sich zu schlagen und zu balgen. Darüber musste der Fuchs so herzlich lachen, dass er durch das Dachloch fiel, mitten zwischen die balgenden Drescher. Die aber stoben erschreckt auseinander. Der Fuchs lief alsdann, immer noch lachend, in den Wald zurück und ließ seine ganze Sippschaft schwören, dass weder sie noch ihre Kinder und Kindeskinder je einem Sperling ein Leid zufügen sollten; denn die Sperlinge seien die anständigsten und klügsten Vögel der Welt.
(überliefert aus der Bukowina, nach: Gattiker & Gattiker: Die Vögel im Volksglauben)

Spatzen in Not

Seit dem Ende des Mittelalters, spätestens aber von der Mitte des 17. Jahrhunderts an, nach den Verheerungen des Dreißigjährigen Krieges (1618 – 1648) führte der zunehmende Bevölkerungsanstieg zur Gründung zahlreicher menschlicher Ansiedlungen. Gleichzeitig wurden immer mehr Waldflächen gerodet und in Ackerland umgewandelt. Transporte und Ackerbau erfolgten mithilfe von Pferden, für die entsprechend viel Hafer angebaut wurde. Wohnhäuser, Scheunen und Stallungen boten nahezu unbegrenzte Nistplätze, und die damaligen Erntemethoden ließen genügend Körner für Vögel übrig. Das schuf paradiesische Zustände für Spatzen, und so konnten sich ihre Bestände dermaßen stark vermehren, dass sie zur allgemeinen Landplage wurden. Nur so sind die oben beschriebenen drastischen Bekämpfungsmaßnahmen und die aus heutiger Sicht skurril anmutenden Anweisungen des Volksglaubens zur Vorbeugung von Fraßschäden zu erklären.

Doch nach dem Zweiten Weltkrieg, in den 1950er-Jahren, setzte ein deutlicher Wandel ein: Die »moderne« Landwirtschaft hielt Einzug. Traktoren und andere Maschinen ersetzten die Arbeitspferde, und im Zuge der sogenannten Flurneuordnung wurde bis in die 1970er-Jahre hinein die Feldflur von allem »bereinigt«, was den Ackermaschinen im Wege stand. Hecken, Gräben, ungenutzte Brachen und bunt blühende Wildkrautstreifen entlang von Äckern und Wegrändern verschwanden zugunsten einer von Technokraten auf dem Reißbrett geplanten, maschinengerechten Agrarlandschaft, die bis in den letzten Winkel intensiv genutzt wurde und wird. Das war zu damaliger Zeit zwar grundsätzlich nachvollziehbar, weil immer mehr Menschen mit Nahrung versorgt werden mussten und gleichzeitig immer weniger in der Landwirtschaft arbeiten wollten. Die Auswirkungen auf die Natur waren jedoch einschneidend. Der Einsatz von hochgiftigen Pestiziden gegen unerwünschte Wildkräuter und Insekten, von denen sich Vögel ernähren konnten, tat ein Übriges.

Gleichzeitig wurden die Erntemaschinen immer effizienter, kaum ein Korn bleibt heute mehr auf den Feldern liegen, um Sperlinge, Ammern und Co. über den nahrungsarmen Winter zu bringen. Von meinem Fenster aus kann ich jedes Jahr im August die Ernte des Getreidefeldes vor dem Haus beobachten: Binnen weniger Stunden ist das Korn geerntet, das Stroh zu Ballen gepresst und abgefahren. Vögel finden dort nichts mehr, die wenigen Spatzen, die noch in der Nachbarschaft brüten, kommen gar nicht erst nachsehen. Allenfalls ein paar Ringeltauben aus der unmittelbaren Umgebung fallen ein, trippeln hierhin und dorthin, gucken unschlüssig in die Gegend und fliegen bald wieder ab. Oft schon wenige Tage später wird der Acker umgepflügt, das immerhin beschert Scharen von Möwen und Krähen kurzzeitig ein reichhaltiges Angebot an Regenwürmern und anderen Bodentieren. Hinzu kommt, dass statt des früher üblichen Sommergetreides heutzutage fast nur noch Wintergetreide angebaut wird, das direkt nach der Ernte neu gesät wird und im Herbst keimt. Daher gibt es praktisch keine Felder mehr, die über den Winter brachliegen. Auf diesen Stoppelfeldern fanden Spatzen, Finken und Ammern ausreichend Erntereste in Form von verloren gegangenen Körnern, die ihnen als Winternahrung dienten. Ebenso rar geworden sind periodisch stillgelegte Flächen, auf denen sich zumindest vorübergehend wieder Wildpflanzen ansiedeln können. Zu groß ist in Zeiten des boomenden Maisanbaus für die »umweltfreundliche« Energiegewinnung der Druck auf die letzten Flächen. Die Zahl der kleinen Bauernhöfe sank rapide, und die heutigen landwirtschaftlichen Betriebe gleichen häufig eher

Spatzen lieben und brauchen »unordentlichen« Wildwuchs!

Agrarfabriken – mit glatten Fassaden, sauber versiegelten Hofflächen und Vieh und Geflügel, das ganzjährig im Stall gehalten wird. Die einst kleinbäuerlich geprägten Dörfer, einst Garanten für Artenvielfalt (siehe Seite 88), wandelten sich, vor allem im »Speckgürtel« großer Städte, zu seelenlosen »Schlafvorstädten« mit akkurat gepflegten, sauber aufgeräumten Gärten, in denen regelmäßig getrimmte, »unkrautfreie« Rasenflächen und für Insekten und Vögel gleichermaßen wertlose exotische Pflanzen und Zuchtformen dominieren. Wo sollen hier noch Spatzen leben?

So nimmt es nicht Wunder, dass ihre Population im ländlichen Raum stark schrumpfte. Für ältere Menschen, die sich noch an die großen Spatzenschwärme erinnern, die sich im Spätsommer und Herbst auf Getreidefeldern und Stoppeln, bei Feldscheunen, an Strohdiemen, Kornböden und Getreidelagern einfanden, oder an die überall in Dorf und Stadt massenhaft vorhandenen Spatzennester, die sie als Kinder und Jugendliche ausnahmen, ist der Rückgang augenfällig. Doch zahlenmäßig dokumentiert sind ihre einstige Häufigkeit und der anschließende Bestandsrückgang nirgendwo – zu gering war das Interesse an diesem Allerweltsvogel, und umfassende vogelkundliche Bestandsaufnahmen gab es wegen drängenderer Probleme in den Nachkriegsjahren nicht. Das änderte sich erst etwa Mitte der 1970er-Jahre, beginnend und bisher am intensivsten in Großbritannien, wo das »Birding«, die Vogelbeobachtung, traditionell als eine Art Volkssport gilt. Dort stellte man bei systematischen Zählungen erstmals deutliche Bestandseinbußen für die Sperlinge (und auch andere Vogelarten des Agrarlandes) fest: Zwischen 1976 und 1992 ging die Anzahl der Haussperlinge im landwirtschaftlich genutzten Raum um 32 Prozent zurück, in Dänemark von Mitte der 1970er- bis Mitte der 1980er-Jahre um etwa die Hälfte, um sich

Auf intensiv genutzten Äckern finden Spatzen kaum mehr Nahrung.

dann zunächst auf niedrigerem Niveau zu stabilisieren. In Deutschland wurden Vogelkundler verstärkt erst ab etwa Anfang der 1980er-Jahre auf den Spatzenschwund aufmerksam und begannen, entsprechende Daten zu erheben. Diese belegen ebenfalls, wenngleich in verschiedenen Regionen unterschiedlich stark ausgeprägt und besonders beim Feldsperling mit für Kleinvögel typischen Schwankungen, einen kontinuierlichen Rückgang der Populationen beider Spatzenarten. Ab etwa Mitte der 1990er-Jahre verstärkte und beschleunigte sich dieser weiter. Allein in Niedersachsen verlor der Feldsperling in einem Jahrzehnt fast zwei Drittel seines Bestandes, und in Nordrhein-Westfalen dürfte der Verlust von Beginn der 1980er-Jahre bis 2009 mehr als 80 Prozent betragen. Diese durchweg jüngeren Daten geben die Entwicklung seit Mitte des 20. Jahrhunderts wieder, nachdem sich die Bestände nach einem ersten merklichen Rückgang seit Ende der 1940er-Jahre mit Beginn der Industrialisierung in der Landwirtschaft auf niedrigerem Niveau stabilisiert hatten.

Der Bestandsrückgang auf dem Lande hat mittlerweile auch auf die Städte übergegriffen, wobei es teilweise auffallende Unterschiede zwischen den beiden Arten gibt. Stellvertretend für die Bestandsentwicklung des Haussperlings in einer Großstadt seien Untersuchungen aus Hamburg angeführt: Unter dem Titel »Wo sind all die Haussperlinge geblieben?« veröffentlichte der Ornithologe Alexander Mitschke die Ergebnisse einer sogenannten Stadtkorridorkartierung über 25 Jahre. Dabei wurden erstmals in den Jahren 1982/83, dann zwischen 1997 und 2000 (im Rahmen einer landesweiten Atlaskartierung) und schließlich 2007/08 die Brutvögel beziehungsweise Reviervögel in einem zwei Kilometer breiten Korridor erfasst, der vom nördlichen Hamburger Stadtrand über Innenstadt und Hafen bis in den Süden gelegt wurde und alle wesentlichen

Stadtlebensräume umfasste. Auf einer Gesamtfläche von 58 Quadratkilometern waren neben bebauten Flächen von der City über die Wohnblockzone bis zur durchgrünten Gartenstadt mit Einzelhäusern und Reihenhäusern auch größere Grünanlagen, Kleingärten und Agrarland mit Wiesen, Äckern und Gehölzen repräsentiert. (Bei der ersten Kartierungsperiode 1982/83 wurden nur 38 Quadratkilometer bearbeitet, für den langfristigen Vergleich über 25 Jahre stehen daher nur die Ergebnisse auf dieser Fläche zur Verfügung, was die Aussagekraft der Ergebnisse aber nur unwesentlich schmälert.) Auf Grundlage dieser Daten stellte Alexander Mitschke für den einst so häufigen Haussperling einen geradezu dramatischen Bestandsrückgang fest: Sein Bestand brach, beschleunigt in den letzten zehn Jahren der Untersuchungsperiode, in nur 25 Jahren um mehr als 75 Prozent ein, das heißt, nur ein knappes Viertel blieb übrig.

Ähnlich negative Bestandsentwicklungen zeigt der Haussperling in nahezu allen deutschen Großstädten wie Frankfurt, Köln oder München, ebenso in anderen europäischen Metropolen wie etwa London. Aus dem dortigen Kensington Park liegen langjährige Datenreihen über die Bestandsentwicklung des Haussperlings vor: 1925 wurden 2603 Vögel gezählt, 1945 waren es 885, und 1975 registrierten Vogelkundler 544 Tiere. Im Jahr 2000 waren Haussperlinge dort fast ganz verschwunden, nur ganze acht Exemplare konnten noch beobachtet werden. Selbst die Queen kann sich in den königlichen Gärten von Buckingham Palace nur noch an wenigen verbliebenen Spatzen erfreuen, dort betrug der Bestandsrückgang 85 Prozent. Mittlerweile gibt es in London wie auch in anderen britischen Großstädten kaum noch Haussperlinge, was seinerzeit selbst den damaligen Premierminister Tony Blair (Amtszeit 1997–2007) veranlasste, in einer Regierungserklärung(!) zu fragen, was denn wohl falsch

laufe im Vereinigten Königreich, dass selbst die Spatzen dort selten würden. Man stelle sich vor, die heute amtierende Bundeskanzlerin Angela Merkel sorge sich in einer Regierungserklärung um Spatzen ...

Grund dazu hätte sie zumindest vor ihrer Haustüre nicht, denn in Berlin, der »Hauptstadt der Spatzen«, sind Haussperlinge noch häufig anzutreffen. Wohl nirgendwo sonst in Deutschland gibt es pro Flächeneinheit so viele von ihnen wie dort. Einer der Gründe: Vor allem im Osten der einst geteilten Stadt gibt es noch zahlreiche Plattenbauten, in deren oft schadhaften Fassaden die Vögel genügend Brutplätze finden. Mit fortschreitender Sanierung dieser Wohnblocks ist allerdings auch dort die Zahl der Spatzen rückläufig. Ein anderer, auf den ersten Blick überraschender Grund ist die chronisch klamme Finanzlage Berlins: Es fehlt schlicht das Geld, um Grünanlagen und Straßengrün so intensiv zu pflegen wie in anderen Städten. Büsche und Bäume werden seltener geschnitten, Gras und Wildkräuter sprießen, an denen sich zahllose Insekten tummeln, Essensreste liegen herum. Dort finden Spatzen (und übrigens auch Nachtigallen, für die Berlin ebenfalls ein Eldorado zu sein scheint) ausreichend Nahrung und Deckung. Dort kann man noch erleben, was ich in meiner Heimatstadt Hamburg seit Jugendtagen nicht mehr erlebt habe: Die Spatzen fliegen in den Straßencafés auf die Tische und lauern auf einen unbeobachteten Moment, um ein Stück vom Kuchen oder andere Leckereien zu ergattern. Man kann sogar beobachten, wie Elternvögel ihren flüggen Kindern das Schnorren beibringen: Sie fliegen mit ihnen auf unbesetzte Tische und füttern sie mit Pommes und anderen Essensresten. Auf diese Weise lernen die Kleinen die für Spatzen ungewohnte Nahrung kennen. Wer jemals in Berlin war, wird mit Schrecken feststellen, wie schlecht es anderenorts mittlerweile um die Spatzen bestellt ist.

Für den Feldsperling ergab die Auswertung der oben zitierten Hamburger Stadtkorridorkartierung erstaunlicherweise ein ganz anderes Bild: Ihre Anzahl nahm im 25-jährigen Untersuchungszeitraum insgesamt deutlich zu, auch wenn der Bestand in den letzten zehn Jahren der Untersuchungsperiode wieder leicht zurückging. Das dürfte damit zusammenhängen, dass ein Teil der Feldsperlinge aus dem für sie immer unwirtlicher gewordenen Umland in die Stadt »geflüchtet« ist. Vor allem in städtischen Kleingartenanlagen finden sie offenbar relativ gute Lebensbedingungen: Ein hoher Anteil offener Böden, eine in der Regel große Vielfalt an Blumen und Gemüse sowie dichte Schnitthecken, die die Parzellen umgeben und den Vögeln Deckung bieten, sind wesentliche Faktoren. Hinzu kommt ein überproportional großes Angebot an künstlichen Nisthöhlen – oft hängen gleich drei, vier oder mehr Nistkästen auf einer Parzelle.

Dieses Phänomen des Umzugs vom Land in die Stadt, unter Fachleuten als »Verstädterung« bekannt, kann man auch bei vielen anderen Vogelarten und ebenso bei vielen Säugetieren – vom Fuchs bis zum Wildschwein – beobachten, ganz besonders ausgeprägt bei solchen Vogelarten, die ursprünglich aufgelockerte Wälder mit viel Unterholz oder Waldränder bewohnen, etwa Amsel, Rotkehlchen oder Zaunkönig. Sie leiden häufig unter den Auswirkungen intensiver Forstwirtschaft im Umland und finden in städtischen Gärten und Parks passende Ersatzlebensräume. Dort sind sie mittlerweile oft häufiger als im Wald, denn die durch Bäume, Büsche und Hecken reich strukturierte »Gartenstadt« bietet viel mehr Platz für Vogelreviere als der monotone Wirtschaftsforst. Typische Arten der Feldflur und der Dorfränder wie Feldlerche, Hänfling, Stieglitz oder Dorngrasmücke sucht man hingegen vergebens, die Stadt passt nicht in ihr angeborenes Lebensraumschema. Sie verschwinden, wenn Relikte ursprünglicher Feldmarken bebaut werden. Der Feldsperling ist insofern ein Sonderfall, weil er schon länger nahe dem Menschen lebt, wenngleich nicht in dem extremen Maße wie sein Verwandter, der Haussperling.

Während sich die Bestände des Feldsperlings in der Stadt, in Hamburg wie vielfach auch anderenorts, nach einer früheren Phase starken Rückgangs insgesamt wieder leicht erholt und auf einem niedrigeren Niveau stabilisiert haben, sieht es für den Haussperling düster aus. Für ihn, der sich so eng wie kein anderer Vogel dem Menschen angeschlossen hat, ist die Stadt längst kein Hort der Glückseligkeit mehr: Die oben skizzierten Unterschiede zwischen der Spatzenhochburg Berlin und anderen Städten machen die Gründe deutlich: Immer mehr ältere Gebäude, an denen Spatzen und andere Gebäudebrüter wie Hausrotschwanz oder Mauersegler, aber auch manche Fledermausarten, potenzielle Nistplätze in schadhaftem Mauerwerk oder unter Dächern fanden, werden renoviert, Neubauten mit ihren glatten Fassaden bieten erst gar keine Nistgelegenheiten. Vor allem aber sind es die verbreiteten Maßnahmen zur energetischen Gebäudesanierung, die Vögeln und Fledermäusen geradezu systematisch ihre Quartiere nehmen. Werden Fassaden isoliert, verschwindet oft die letzte Lücke, der kleinste Spalt. Was aus energetischer Sicht prinzipiell sinnvoll sein kann, entpuppt sich für die Spatzen und andere Betroffene als Katastrophe. Dabei lassen sich Wärmedämmung und gesetzlich vorgeschriebener Artenschutz unter einen Hut bekommen, wie, wird ab Seite 115 beschrieben.

Durch intensive Pflegemaßnahmen in Gärten und Parks, bei denen Hecken und Sträucher regelmäßig bis zur Unkenntlichkeit zurückgeschnitten werden, verlieren die Spatzen die notwendigen Schutzräume, Schlafplätze und Versammlungsorte. Wo Böden großflächig mit Asphalt oder Beton versiegelt werden, suchen sie vergeblich nach sandigen Mulden für ein ausgedehntes Staubbad. Vor allem aber ist es wohl Nahrungsmangel, insbesondere der Mangel an Insekten für die Jungenaufzucht, der ihre Bestände schrumpfen lässt.

Darauf lassen jedenfalls die Ergebnisse einer Untersuchung des Biologen Simon Bower schließen, der in Hamburg das Leben und Treiben einer innerstädtischen Gemeinschaft von Haussperlingen eingehend beobachtete. Vor allem zu Beginn der Brutzeit im Frühjahr verhungerten viele Nestlinge, in ihrer Not hatten die Spatzeneltern den Kleinen sogar Hundefutter zugetragen. Zu ganz ähnlichen Resultaten kam die britische Wissenschaftlerin Kate Vincent in ihrer Doktorarbeit an der Universität von Leicester, die sicherlich zu den umfangreichsten und detailliertesten Studien dieser Art zählt. Sie untersuchte bei Haussperlingen in der Stadt, am Stadtrand sowie im ländlichen Raum unter anderem den Bruterfolg, die Überlebensrate und die Kondition der Nestlinge sowie die Art und Qualität der Nestlingsnahrung. Es zeigte sich, dass viele Jungvögel im Nest verhungerten, und die, die überlebten, waren deutlich untergewichtig und in schlechter Kondition, sodass ihre Überlebenschancen nach dem Flüggewerden als nur gering eingestuft wurden. Auf den gewonnenen Daten basierende Modellrechnungen zeigten, dass der geringe Bruterfolg und die niedrige Überlebenswahrscheinlichkeit der Jungen, verursacht durch den Mangel an eiweißreicher Insektennahrung, insbesondere am Stadtrand (suburban areas) nicht zur Bestandserhaltung ausreichen und den beobachteten Bestandsrückgang erklären können. In den vorstädtischen Gärten dominierten häufig Rasenflächen, immergrüne Gehölze und exotische Ziersträucher, die für heimische Insekten meist wertlos sind und von den nach Nahrung suchenden

Spatzen daher strikt gemieden wurden. Wo es hingegen viele heimische Laubbäume und Sträucher, Gräser und Wildstauden gab, war – das Beispiel der Spatzenhauptstadt Berlin bestätigt es – auch der Bruterfolg am höchsten.

Ob sich darüber hinaus noch andere Faktoren negativ auswirken, ist umstritten oder in ihrer Intensität nicht abzuschätzen. Denkbar wären zum Beispiel eine unmittelbar oder langfristig wirkende Vergiftung der Vögel durch die Aufnahme von Pestiziden mit der Nahrung oder, auch das wurde verschiedentlich diskutiert, in der Stadt eine Schädigung der Spatzen, die sich gern am Boden in Höhe der Auspuffrohre aufhalten, durch Autoabgase. Sicherlich ist es aber die Gesamtheit der beschriebenen negativen Veränderungen, die den Tieren zusetzt.

Ein weiterer möglicher Faktor, der den Bestand negativ beeinflussen könnte, liegt in dem ausgeprägten Gruppenverhalten ganz besonders der Haussperlinge begründet, die sich bei Nestbau, Balz, Kopulation, ja sogar bei der Brutablösung gegenseitig stimulieren und synchronisieren. Sind es zu wenige Vögel, könnte sich das negativ auf das Brutgeschäft auswirken. Von manchen Vogelarten, die in großen Kolonien nisten, weiß man, dass sie nicht mehr brüten, wenn ihre Zahl unter eine gewisse Schwelle sinkt. Ein bekanntes Beispiel ist das Schicksal der nordamerikanischen Wandertaube, der einst wohl häufigsten Vogelart der Erde, deren ziehende Schwärme nach Augenzeugenberichten tagelang den Himmel verdunkelten. Zu Beginn des 19. Jahrhunderts wurde ihr Bestand noch auf drei bis fünf Milliarden(!) Individuen geschätzt, doch exzessive Bejagung, verbunden mit zunehmender Fragmentierung ihres Waldlebensraumes, ließ ihre Zahl innerhalb weniger Jahrzehnte unter den »point of no return« schrumpfen. Als die Tauben schließlich unter strengen Schutz gestellt wurden, war es bereits zu spät: Die verbliebenen Tiere pflanzten sich nicht mehr fort und starben gegen Ende des 19. Jahrhunderts in freier Wildbahn aus. Auch in menschlicher Obhut gelang keine Nachzucht, 1914 starb das letzte Exemplar im Zoo von Cincinnati im Bundesstaat Ohio. Wenngleich Spatzen auch in kleinen Gruppen oder sogar einzeln brüten, so ist es doch gut denkbar, dass auch der soziale Faktor eine Rolle für den erschreckend starken Rückgang der geselligen Vögel spielt. Trotz mittlerweile zahlreicher Untersuchungen gibt es zu diesem Thema nach wie vor erheblichen Forschungsbedarf.

Was jahrhundertelange Verfolgung nicht vermocht hatte – mit Ausnahme der landesweiten Vernichtungsaktion in China –, schaffte schließlich der Mensch mit der tief greifenden Umgestaltung von Landschaft und Siedlungsraum: Die Bestände der Spatzen brachen ein. Seit 1980 ging die Zahl der Haussperlinge in den Mitgliedsstaaten der Europäischen Union um etwa 247 Millionen Individuen zurück und büßte damit rund die Hälfte ihres Bestandes ein. So nimmt der Haussperling den traurigen Spitzenplatz in der Rangliste der größten Verlierer (darunter unter anderem auch Feldsperling, Star und Feldlerche) in der Vogelwelt ein. In Deutschland rangiert der Haussperling mit einem Bestand von 4,1 bis 6 Millionen Brutpaaren hinter Amsel, Buchfink, Kohlmeise und Mönchsgrasmücke immer noch auf Platz 5 der häufigsten Brutvogelarten. Regional gibt es allerdings deutliche Unterschiede: In den ostdeutschen Bundesländern sind Haussperlinge generell noch häufiger anzutreffen als im Westen der Republik, wohl weil im Osten der »Ordnungswahn« noch weniger verbreitet ist.

Auch der Feldsperling, obwohl erst auf Platz 21 in der Rangliste der heimischen Brutvögel zu finden, zählt mit 840 000 bis 1,25 Millionen Paaren (Bestandsdaten aus Gerlach et al. 2019) noch längst nicht zu den gefährdeten Arten. Der starke und anhaltende Bestandsrückgang der Spatzen innerhalb weniger Jahrzehnte war für Vogelkundler und Naturschutzexperten jedoch Anlass genug, beide Arten innerhalb der Roten Liste der Brutvögel Deutschlands auf die sogenannte Vorwarnliste (Kategorie »V«) zu setzen.

In den letzten Jahren scheint sich jedoch zumindest der Bestand des Haussperlings hierzulande stabilisiert zu haben. Regional ist sogar eine leichte Bestandserholung zu beobachten. Für die aktuell gültige 6. Fassung der Roten Liste der Brutvögel Deutschlands (Ryslavy et al. 2020) konnte die Art wieder aus der Vorwarnliste entlassen werden. Trotz dieser erfreulichen Entwicklung der jüngsten Vergangenheit ist die Entwicklung der Spatzenpopulationen erschreckend: von der Landplage zum Sorgenkind des Vogelschutzes! Das Beispiel anderer ehemaliger »Allerweltsvögel« wie der Feldlerche oder des Kiebitzes zeigt, wo die Entwicklung hingehen kann: Beide landeten ebenfalls erst auf der Vorwarnliste. Mittlerweile gilt die Feldlerche in Deutschland als gefährdet, der Kiebitz gar als stark gefährdet – und ein Ende der Talfahrt scheint nicht in Sicht.

Damit den Spatzen ein ähnliches Schicksal erspart bleibt, ist es notwendig, ihnen mit einer Reihe oft einfach umzusetzender Hilfsmaßnahmen unter die Flügel zu greifen. Was jeder Einzelne dafür tun kann, ist auf den folgenden Seiten, dem praktischen Teil dieses Buches, nachzulesen.

Wir helfen den Spatzen!

Um Spatzen sinnvoll zu helfen, müssen wir zunächst einmal wissen, was genau ihnen in ihrem Lebensraum fehlt. Wo die Lebensgrundlagen komplett zerstört wurden, etwa in der Agrarlandschaft, wird es für den Einzelnen schwierig, denn die Art und Intensität der landwirtschaftlichen Nutzung heutiger Prägung können wir meist nicht direkt beeinflussen, es sei denn, wir bewirtschaften die Flächen selbst. Doch in unserem direkten häuslichen Umfeld, in Stadt und Dorf, können wir uns sehr wohl zum Schutz der Spatzen engagieren.

In den vorangegangenen Kapiteln wurde dargestellt, was diese Vögel zum (Über-)Leben brauchen. Sinnvoll ist es daher, die eigene Umgebung einmal mit Spatzenaugen zu betrachten. Gibt es geeignete Nistmöglichkeiten? Finden die Tiere in der Nähe ausreichend Futter für sich und ihre Jungen? Bieten dichtes Gebüsch, Hecken oder Fassadengrün gute Deckung und sichere Schlafplätze? Und finden die Spatzen offene, sandige Böden für ihre regelmäßigen Staubbäder? Falls nicht, können wir gezielt helfen.

Beim Haussperling sind die Männchen wesentlich bunter als das schlicht gefärbte Weibchen.

Beim Feldsperling sind die Geschlechter gleich gefärbt.

Am besten ist es natürlich, wenn es noch an allen Ecken und Enden tschilpt und wir uns glücklich schätzen können, Spatzen als Nachbarn zu haben. Solche noch vorhandenen Vorkommen gilt es vorrangig zu schützen und gegebenenfalls gezielt zu fördern, denn eine Spatzenkolonie zu erhalten, ist erfahrungsgemäß oft leichter als eine Wiederansiedlung oder eine Neuansiedlung. Wenn also noch Spatzen in der Nachbarschaft leben, ist das noch lange kein Grund, sich zufrieden zurückzulehnen. Denn nur allzu schnell können unbedachte Eingriffe die Vögel vertreiben. Ein wachsames Auge und vorbeugendes Handeln sind also angeraten.

Brutplätze an Gebäuden erhalten

An erster Stelle der unmittelbaren Gefahren stehen im Siedlungsraum Arbeiten an den Hausfassaden, zum Beispiel zur Renovierung und Wärmedämmung. Die Gefahr, dabei Nistplätze von Haussperlingen und anderen Gebäudebrütern und auch Lebensstätten von Fledermäusen zu zerstören, ist groß. Speziell bei den störungsempfindlichen Spatzen kann schon allein das Aufstellen von Baugerüsten zur Brutzeit unter Umständen dazu führen, dass die Vögel ihre Brutplätze aufgeben und Eier und Junge im Stich lassen. Dazu gibt es allerdings unterschiedliche Erfahrungen, vermutlich ist dies abhängig vom Stadium des Brutgeschäftes: Wenn Junge im Nest zu versorgen sind, ist der Füttertrieb meist stark genug, dass die Vögel die Brut auch bei einer massiven Störung nicht sofort aufgeben. Oft verhindern aber Schutznetze an den Gerüsten, die herabfallendes Material auffangen sollen, dass die Vögel ihre Nester noch erreichen können. Erst recht stellt eine direkte Vernichtung von Niststätten durch Baumaßnahmen einen genehmigungspflichtigen Eingriff dar, der, falls er aus zwingenden Gründen unvermeidlich ist, durch geeignete Maßnahmen auszugleichen ist. Das Bundesnaturschutzgesetz (BNatSchG) macht hierzu klare Vorgaben. Dort heißt es in § 44 Abs. 1 unter anderem:

»Es ist verboten,
1. wild lebenden Tieren der besonders geschützten Arten nachzustellen, sie zu fangen, zu verletzen oder zu töten oder ihre Entwicklungsformen aus der Natur zu entnehmen, zu beschädigen oder zu zerstören, [...]
3. Fortpflanzungs- oder Ruhestätten der wild lebenden Tiere der besonders geschützten Arten aus der Natur zu entnehmen, zu beschädigen oder zu zerstören, [...]«

Wie sind die Begrifflichkeiten des Bundesnaturschutzgesetzes zu verstehen?

»Besonders geschützte Arten«

Nach dem Bundesnaturschutzgesetz gehören mit Ausnahme der Straßentaube alle an Gebäuden brütenden Vogelarten (und auch Fledermäuse sowie Hornissen und Solitärbienen) zu den besonders geschützten Arten.

»Natur«

Der Begriff »Natur« gilt ausdrücklich auch für den besiedelten Bereich, das heißt zum Beispiel auch für Gebäude, wenn das Vorkommen von Tieren dort ihrem natürlichen Verhalten entspricht, wie es bei Spatzen eindeutig der Fall ist.

»Entnahme aus der Natur«

Nach § 1 Abs. 1 BNatSchG ist die Natur im besiedelten wie unbesiedelten Bereich zu schützen. Entspricht das Zusammenleben von Tieren mit Menschen ihrer natürlichen Verhaltensweise, sind ihre Lebensstätten auch dann geschützt, wenn sie sich im unmittelbaren Einwirkungsbereich des Menschen befinden, zum Beispiel in Gärten, in oder an Gebäuden.

Auszunehmen von der Natur sind lediglich Räume, die unmittelbar Wohn- oder Geschäftszwecken dienen, nicht jedoch Lagerhallen, Dachböden, Garagen oder Balkone.

»Fortpflanzungs- und Ruhestätten« – kurz »Lebensstätten«
Allgemein: der räumlich eng begrenzte Bereich, in dem sich ein Tier eine gewisse Zeit ohne größere Fortbewegung aufhält und Geborgenheit sucht. Beispiele: Vogelnester, Nisthöhlen, traditionell genutzte Vogelschlafplätze in Fassadenberankung, Fledermausquartiere in Mauerspalten, Bruttröhren von Wildbienen, Verstecke von Amphibien oder Reptilien.

Zeitlicher Aspekt des gesetzlichen Schutzes
- Beginn: wenn ein Tier eine Stätte gewählt hat
- Ende: wenn die Stätte die biologische Funktion verloren hat

Die genannten Lebensstätten verlieren ihren Schutz *nicht*, wenn sie kurzzeitig oder vorübergehend nicht benutzt werden, etwa weil sich der Bewohner auf der Nahrungssuche oder im südlichen Winterquartier befindet, und sie erwartungsgemäß danach wieder aufsucht werden. Da so gut wie alle Gebäudebrüter ihre Niststätten wiederholt nutzen, sind diese *ganzjährig geschützt*.

»Beschädigen«
»Beschädigen« bedeutet nicht nur eine Verletzung der Substanz, sondern auch die Minderung oder Störung der Brauchbarkeit beziehungsweise Funktion der Fortpflanzungs- und Ruhestätte (wenn zum Beispiel die Handlung bewirkt, dass die Eier eines Geleges nicht mehr angenommen werden). Als Beeinträchtigung können sowohl physische als auch chemische Einwirkungen gelten. Das Verschließen des Zugangs einer Fortpflanzungs- oder Ruhestätte stellt eine Beschädigung dar, auch wenn die Stätte gerade nicht besetzt ist, erwartungsgemäß aber wieder benutzt wird. Hierunter fällt zum Beispiel auch das Verhängen eines Balkons mittels Netz, wenn sich dort ein Mehlschwalbenbrutplatz befindet.

»Störung«
Jede negative Einwirkung auf die psychische Verfassung des Tieres: Provozieren der Flucht, jede Beeinträchtigung des Brutgeschäfts, Verängstigung der Tiere oder ihrer Jungen. Nutzungen, an welche sich die Tiere gewöhnt haben, sind weiterhin zulässig.

Quelle: https://berlin.nabu.de/stadt-und-natur/lebensraum-haus/artenschutz/gesetzlicher-schutz/index.html

Das heißt, Brut- und Ruheplätze von Vögeln, also auch die der Spatzen, sowie Fledermausquartiere sowohl während als auch nach der Fortpflanzungszeit dürfen nach den Buchstaben des Gesetzes wie auch nach eindeutiger, präzisierender Rechtsprechung des Bundesverwaltungsgerichtes nicht ohne Weiteres beseitigt werden! Werden durch das Entfernen von Nestern zum Beispiel Jungvögel getötet, ist dies zudem als Verstoß gegen das Tierschutzgesetz zu werten. Der Gesetzgeber räumt dem Artenschutz damit einen hohen Stellenwert ein, will aber andererseits erforderliche Maßnahmen zur Sanierung, Reparatur oder Wärmedämmung nicht verhindern, denn das wäre eine unzumutbare und unverhältnismäßige Belastung für die Hauseigentümer. Hier greift das rechtliche Instrument der »Befreiung« von den oben zitierten Verboten des Bundesnaturschutzgesetzes. Es ist in der Regel mit Auflagen versehen. Was also ist zu tun, wenn eine Baumaßnahme ansteht und geschützte Tiere davon betroffen sein können?

In diesem Fall muss der Bauherr rechtzeitig vor Beginn der Bauarbeiten bei der zuständigen Naturschutzbehörde (in der Regel der jeweilige Landkreis als Untere Naturschutzbehörde, in den Stadtstaaten die Umweltbehörde) einen entsprechenden Antrag stellen. Die Einzelheiten sind in den Bundesländern teilweise unterschiedlich geregelt und müssen entsprechend erfragt werden. Im Idealfall sollte bereits ein Jahr vorher ein Beratungsgespräch mit der Behörde oder einem Naturschutzverband geführt werden, damit auf jeden Fall eine Brutsaison zwischen Planung und Ausführung der beabsichtigten Arbeiten liegt. Schon vorher muss der Bauherr wissen, ob und gegebenenfalls wie viele Vögel oder Fledermäuse in oder an dem betroffenen Gebäude leben. Dazu muss er auf eigene Kosten einen externen, anerkannten Gutachter beauftragen, der sich vor Ort ein Bild von der Situation macht und auch beratend tätig wird. Das gilt insbesondere für Eigentümer von Mehrfamilienhäusern, für Genossenschaften und Wohnungsbaugesellschaften. Bei Eigentümern von selbst bewohnten Einfamilienhäusern kommt es auf deren Sachkenntnis und die Umstände an. Die auffälligen Spatzennester kann man leicht selbst zählen, viel schwieriger ist es bei den versteckt lebenden Fledermäusen. Hier ist zumindest eine Kontrolle durch Fachleute von Naturschutzverbänden anzuraten. In jedem Fall muss eine Genehmigung der zuständigen Naturschutzbehörde eingeholt werden, wenn voraussichtlich Quartiere von Fledermäusen, Mauerseglern, Spatzen oder anderen Gebäudebrütern gefährdet oder vernichtet werden. In der Regel wird diese die (vorübergehende!) Beseitigung vorhandener Lebensstätten genehmigen. Für den Fall, dass diese *nicht* erhalten werden oder nach Abschluss der Maßnahmen nicht wieder von den Tieren genutzt werden können, wird die Genehmigung mit der Auflage verbunden, für entsprechenden Ersatz mindestens im Verhältnis von 1:1 zu sorgen, zum Beispiel durch das Anbringen künstlicher Nistkästen oder den Einbau sogenannter Niststeine in entsprechender Anzahl. Besser ist es, von vornherein einige Ersatzquartiere mehr anzubieten, als vorhandene Niststätten verloren gehen, denn erfahrungsgemäß werden häufig nicht alle ersatzweise angebotenen Nistgelegenheiten angenommen.

Abschließend erfolgt eine Kontrolle, ob die Maßnahmen auch tatsächlich umgesetzt wurden. Auf diese Weise soll sichergestellt werden, dass die Anzahl der Niststätten insgesamt nicht abnimmt. Ob der Ersatz im Einzelfall tatsächlich von den Tieren angenommen wird, ist eine andere Frage. Grundsätzlich ist es daher am günstigsten, wenn die ursprünglichen Nistplätze erhalten bleiben, was mit gutem Willen und etwas Fantasie sicherlich öfter möglich ist als es tatsächlich geschieht.

Leider sind diese Bestimmungen und auch deren gesetzliche Grundlage vielen Bauherren und Planern nicht bekannt oder auch schlicht zu umständlich, sodass Verstöße dagegen an der Tagesordnung sind. Die Naturschutzbehörde macht aber während der Brutzeit, wenn sie davon Kenntnis bekommt, von der Möglichkeit, die Baumaßnahmen vorübergehend zu stoppen, rigoros Gebrauch, um das Leben der Tiere zu schützen. Da es sich hierbei um eine Ordnungswidrigkeit handelt, wird immer ein entsprechendes Bußgeld verhängt. Ein Bußgeld muss auch zahlen, wer die Brutstätten außerhalb der Brutzeiten ohne Genehmigung entfernt. Anders als etwa Fledermäuse, deren Quartiere oft gar nicht bekannt sind, sind Kolonien lärmender Spatzen nicht zu überhören und zu übersehen. Dort kann sich also eigentlich niemand darauf berufen, er oder sie habe von den tierischen Untermietern nichts gewusst. Oftmals handelt es sich bei den Bauherren allerdings um städtische Wohnungsbaugesellschaften, die gleich ganze Blocks sanieren oder dämmen lassen. Von den Verwaltern kann man nicht verlangen, dass sie mögliche Vorkommen geschützter Tiere an oder in ihren Gebäuden kennen. Wohl aber sind auch sie zur Einhaltung der gesetzlichen Bestimmungen verpflichtet und müssen deshalb in Kenntnis der geltenden Gesetze entsprechende Gutachter beauftragen, die zuverlässig alle in der Gebäudehülle lebenden Tiere finden.

Nicht genehmigungspflichtig nach § 44 des Bundesnaturschutzgesetzes sind zum Beispiel Malerarbeiten an der Fassade oder das Aufstellen eines Gerüstes. Doch auch dabei sind die Bestimmungen des Artenschutzrechtes und des Tierschutzrechtes zu beachten. Der Anflug an belegte Nester muss in jedem

Fall sichergestellt sein und darf nicht durch vollständige Vernetzung behindert werden. Störende Arbeiten im direkten Nestumfeld sind zu vermeiden, da sonst die Gefahr besteht, dass die Brut aufgegeben wird und die Jungvögel verhungern. Ist dies nicht möglich, so sollten die Arbeiten zeitlich so geplant werden, dass sie außerhalb der Brutzeit durchgeführt werden können. Bereits begonnene Arbeiten sind – gegebenenfalls nur für den betroffenen Gebäudeteil – unverzüglich und so lange einzustellen, bis die Vögel ihre Jungenaufzucht beendet haben.

Vorbeugend ist es sehr hilfreich, wenn aufmerksame Bürgerinnen und Bürger ihnen bekannte Vorkommen zum Beispiel von Spatzen oder Mauerseglern auch ohne konkrete Veranlassung an die Naturschutzbehörde oder an Naturschutzverbände vor Ort melden und im Idealfall auch auf bevorstehende Baumaßnahmen aufmerksam machen. So bekommen Mieter in der Regel rechtzeitig eine entsprechende schriftliche Benachrichtigung von der Hausverwaltung. Wohnungseigentümergemeinschaften beschließen größere Maßnahmen meistens Monate im Voraus auf ihrer Eigentümerversammlung. Diesen zeitlichen Vorsprung gilt es zu nutzen, um Vorkommen geschützter Tiere festzustellen, die erforderlichen Formalitäten zu erledigen und eventuell rechtzeitig für Ersatz zu sorgen. Denn wenn das Gerüst erst mal steht, ist oft die Hektik groß, der Schaden für brütende Vögel kaum mehr zu vermeiden oder die wirtschaftliche Einbuße hoch, wenn die Arbeiten ruhen müssen. Nur wenn eine Naturschutzbehörde von den Vorkommen und ihrer konkreten Bedrohung weiß, kann sie notfalls auch eingreifen. Denn wie überall gilt: Wo kein Kläger, da kein Richter. Und so gehen leider immer noch viel zu oft viel zu viele, oftmals langjährig genutzte Quartiere für Spatz und Co. verloren – ein Desaster für die sehr standorttreuen Vögel. Aus diesem Grund ist es sinnvoll und wünschenswert, überall dort, wo es möglich ist, freiwillig Nistmöglichkeiten anzubieten. Das schafft neue, zusätzliche Lebensräume oder die Tiere finden im Falle eines Falles schnell passenden Ersatzwohnraum.

Künstliche Nisthilfen anbieten

Künstliche Wohnquartiere für Tiere sind grundsätzlich eine probate und im praktischen Naturschutz viel genutzte Möglichkeit, den Bestand von Vogelarten oder Fledermäusen und teilweise auch Wildbienen zu stützen und zu fördern. Sie ermöglichen außerdem faszinierende Naturbeobachtungen im eigenen Umfeld.

Für eine Vielzahl von Vögeln, die in Höhlen, Halbhöhlen und Nischen brüten, gibt es im Fachhandel artgerechte Nistkästen zu kaufen, so auch für Spatzen (Bezugsquellen ab Seite 186). Allgemein bekannt sind die Meisenkästen in verschiedenen Variationen, entweder aus Holz oder – wesentlich haltbarer – aus Holzbeton, einer atmungsaktiven Mischung aus Zement, Sägespänen und grobem Sägemehl. Vorsicht ist übrigens bei den oft fantasievoll gestalteten und bemalten Nisthäusern geboten, die vielfach in Baumärkten und Gartencentern angeboten werden. Sie sehen hübsch und niedlich aus, erfüllen aber von den Maßen her oft nicht die Bedürfnisse der Vögel, die darin brüten sollen. Zusätzlich lockt die auffallende farbige Gestaltung neugierige potenzielle Räuber wie Elstern an. Natürlich kann man Nistkästen in verschiedenen Varianten auch selbst bauen, entsprechende Bauanleitungen für Spatzen finden Sie ab Seite 172.

Da sich Haussperling und Feldsperling in ihren Nistplatzansprüchen unterscheiden, werden im Folgenden die Ansprüche an Nisthilfen und die geeignete Umgebung für beide Arten getrennt behandelt. Grundsätzlich gilt für alle Tierarten, denen wir künstliche Quartiere anbieten: Das »Gesamtpaket« muss stimmen. Wo etwa Spatzen weit und breit kein ausreichendes Nahrungsangebot finden, wo dichte Hecken fehlen oder der Boden komplett versiegelt ist, nutzt auch das schönste Spatzenhäuschen nichts.

Nisthöhlen für Feldsperlinge

Als typische Höhlenbrüter nehmen Feldsperlinge gerne die klassischen Meisenkästen mit einer Fluglochweite von 32 Millimetern und einer nutzbaren Grundfläche von wenigstens 14 ×14 Zentimetern an.

Wichtig ist, dass die Kästen im richtigen Umfeld hängen. In Mitteleuropa findet man Feldsperlinge nicht oder nur sehr selten in dicht bebauten Bereichen wie Innenstädten oder Wohnblockzonen. Ausschlaggebend für ihr Vorkommen ist eine halboffene Struktur des Lebensraumes mit einem hohen Anteil offener Böden, niedriger, artenreicher Krautvegetation, einzelnen Obstbäumen oder anderen Gehölzen, die nicht zu viel Schatten werfen, sowie dichten (Schnitt-)Hecken. Sonnige Waldränder und Streuobstwiesen können

> **Wichtige Fakten in Kürze**
> - Lebensraum?   Gartenstadt, Kleingärten, Obstwiesen, Dörfer
> - Standort?   Gebäude (außen), lichte Bäume, sonnige Waldränder
> - Exposition?   sonnig, aber geschützt vor praller Sonne, Wind und Schlagregen
> - Höhe?   ab zwei Meter
> - Wie viele?   beliebig (Koloniebrüter, auch Einzelbruten)
> - Reinigung?   Oktober oder März (vor Beginn der Brutzeit)

geeignete Lebensräume für Feldsperlinge sein, ebenso Randbereiche kleinbäuerlich geprägter Dörfer. In der Stadt bewohnen sie vor allem nicht allzu sehr gepflegte Kleingärten oder Bereiche mit älteren, von Gärten umgebenen Einfamilienhäusern oder Reihenhäusern. Dort lohnt es sich besonders, Nistkästen anzubringen, zum Beispiel an der Hauswand unter dem Dach, an einer Schuppenwand, einer Gartenlaube oder in einem Obstbaum. Da Feldsperlinge gesellig leben und häufiger auch zwischen mehreren Bruthöhlen wechseln, empfiehlt es sich, mehrere Kästen anzubieten, wenn benachbart, dann am besten mit etwa einem halben Meter Abstand zueinander, damit sich die Brutpaare nicht gegenseitig stören.

Falls ein Kasten, in den Feldsperlinge einziehen sollen, in einen Baum gehängt wird, ist es wichtig, dass er durch überhängende Zweige nicht zu sehr beschattet wird. Auch für das Anbringen an einer Gebäudewand gilt: Der Kasten sollte an einer hellen, sonnigen Stelle hängen, aber geschützt vor praller Sonne. Das Einflugloch sollte am besten in Richtung Osten oder Südosten zeigen, damit bei den bei uns vorherrschenden Westwinden kein Schlagregen durch das Einflugloch ins Innere dringt. Hängt der Kasten windgeschützt, ist die Ausrichtung des Flugloches ziemlich egal oder sollte sich nach den konkreten Gegebenheiten richten. In der Natur finden die Vögel schließlich auch nicht immer die perfekte Wohnung.

Als Aufhängehöhe reichen etwa zwei Meter, an viel begangenen Stellen lieber höher, um Störungen zu minimieren. Das ist nach leidvollen Erfahrungen besonders wichtig in öffentlichen Parks, wo es immer wieder zu Vandalismus und Diebstahl der Kästen kommt.

Feldsperlinge brüten meist mehrmals im Jahr im selben Kasten und schlafen im Winter auch darin. Zwar räumen die Vögel vor einer neuen Brut verschmutztes Nistmaterial aus der Nistmulde teilweise heraus und ersetzen es durch eine Schicht neues, doch sammelt sich im Laufe der Zeit oft so viel davon an, dass

Als echte Höhlenbrüter nehmen Feldsperlinge gern Nistkästen an.

der Nistkasten mehr oder weniger vollständig ausgefüllt wird. Deshalb und vor allem wegen der Zunahme von Parasiten empfiehlt es sich, die Kästen wenigstens gelegentlich zu reinigen. Bei mehreren Kästen am besten alternierend alle zwei Jahre, am besten im Oktober oder, wegen der Winternutzung, erst kurz vor der Brutzeit im März. Bei der Reinigung wird das Nistmaterial komplett entfernt und der Kasten mit heißem Wasser ausgespült, anschließend sollte man ihn innen gut austrocknen lassen. Der Einsatz von Insektiziden gegen Flöhe, Milben und Co. ist selbstverständlich tabu, eventuelle Rückstände könnten die Vögel gefährden.

Es kann mitunter einige Jahre dauern, bis die Feldsperlinge die angebotenen Nisthöhlen annehmen, aber wenn, können sie bei ausreichendem Angebot oft rasch einen hohen Bestand aufbauen und alle anderen Höhlenbrüter wie Meisen verdrängen.

Nisthilfen für Haussperlinge

Haussperlinge sind, was die Nistkastennutzung angeht, vielfach leider nicht so »pflegeleicht« wie Feldsperlinge. Zwar sind sie bei der Wahl ihrer Brutnischen durchaus kreativ und flexibel (siehe Seite 47), doch tun sie sich mitunter schwer damit, künstliche Nisthilfen anzunehmen. Jedenfalls sind die Erfahrungen damit sehr unterschiedlich. Das gilt ganz besonders für das eigens für die Haussperlinge konzipierte **»Spatzenreihenhaus«,** einen Kasten mit drei nebeneinanderliegenden, abgeschlossenen Braträumen, den man entweder frei an die Wand hängt oder – im Falle von Holzbetonkästen – auch ganz oder teilweise einmauern kann. Diese Kästen kamen im Jahr 2001 auf den Markt und wurden durch verschiedene Aktionen im Rahmen der Jahresvogelkampagne 2002 weiter bekannt (siehe Seite 166). Seitdem wurden zwar viele Spatzenreihenhäuser verkauft, Rückmeldungen zu ihrer Akzeptanz bei den Vögeln sind allerdings insgesamt spärlich, anekdotisch und uneinheitlich. In manchen Fällen wurden die Kästen sofort bezogen, in anderen überhaupt nicht, obwohl Spatzen da waren. Eine Kollegin, die Hühner hält, erzählte zum Beispiel, dass sie den Hühnerauslauf voller Spatzen hätte, das Reihenhaus aber blieb jahrelang unbesetzt. In anderen Fällen nistete sich nur eine Kohlmeise ein.

Dieses Phänomen, dass manche aus menschlicher Sicht optimalen Nistkästen nicht besetzt und stattdessen scheinbar ungeeignete Kästen bezogen werden, ist allerdings nicht auf Spatzen beschränkt. Gleichwohl wäre es äußerst wünschenswert, hier umfangreichere Daten für unterschiedliche Gegebenheiten besonders in der Stadt zu sammeln, die Hinweise darauf geben könnten, wo und wie diese Kästen am besten angebracht werden sollten, damit die Spatzen sie auch annehmen. Lediglich an einem ländlich geprägten Ort in der Lüneburger Heide führte die Biologin Dr. Erika Vauk in Zusammenarbeit mit Studenten der Universität Hamburg für die Deutsche Wildtier Stiftung Untersuchungen an Haussperlingen unter anderem zur Akzeptanz künstlicher Nisthilfen durch.

So viel immerhin scheint nach den Forschungsergebnissen und verschiedenen Beobachtungen klar zu sein: In einer intakten Spatzenkolonie, in der viele Spatzen leben, werden die Reihenhäuser häufig gerne und spontan angenommen. Wo nur wenige Vögel leben, scheinen sie »natürlichere« Nischen an Gebäuden zu bevorzugen, die ihnen möglicherweise sicherer erscheinen. Und wo Haussperlinge ganz verschwunden sind, zum Beispiel durch Fassadensanierung, kann es längere Zeit dauern, bis künstliche Nisthilfen am ehemaligen Koloniestandort besiedelt werden, selbst wenn die Vögel in der Umgebung genug Nahrung finden. Das unterstreicht einmal mehr die Notwendigkeit, vor-

> **Wichtige Fakten in Kürze**
> - Lebensraum? Innenstadt, Wohnblockzone, Dörfer, Gehöfte
> - Standort? Gebäude (außen, unter Dachvorsprüngen)
> - Exposition? sonnig, aber geschützt vor praller Sonne, Wind und Schlagregen
> - Höhe? ab drei Meter
> - Wie viele? beliebig (Koloniebrüter)
> - Reinigung? Ende August, Anfang September oder Mitte Februar (wenn überhaupt)

handene Spatzenkolonien zu schützen. Trotzdem ist es in jedem Falle sinnvoll, den Haussperlingen Nisthilfen anzubieten, um den Bestand zu stützen und Ersatz zu schaffen für verloren gegangene Brutmöglichkeiten.

Auf der Grundlage ihrer jahrelangen wissenschaftlichen Arbeit an Haussperlingen entwickelten Erika Vauk und die von ihr betreuten Studenten zudem eine Modifikation des herkömmlichen Spatzenreihenhauses: Diese neue Version weist pro Kasten nur zwei statt drei »Appartements« auf, deren Öffnungen sich zudem in den Seitenwänden befinden und nicht wie bei dem älteren Modell nach vorne zeigen. So werden störende Interaktionen zwischen den Brutpaaren eines Reihenhauses vermindert. Es zeigte sich nämlich, dass es bei einer zu engen Nachbarschaft immer wieder zu Konflikten kam: Die Spatzen stahlen sich gegenseitig das Nistmaterial oder die Männchen balzten eifrig die schöne Nachbarin an. Die Folge: Von den drei Brutnischen eines Kastens wurde oft nur eine besetzt, allenfalls zogen zwei Paare links und rechts ein, das mittlere Appartement blieb meist leer. Nur bei kopfstarken Kolonien, bei denen vermutlich der Wohnraum knapp wurde, war auch das Dreier-Spatzenreihenhaus ausgebucht. Aus Spatzensicht günstiger scheint also der Zweierkasten mit den einander abgewandten Einfluglöchern zu sein. Bauanleitungen und Bezugsquellen finden sich ab Seite 172 und ab Seite 186.

Die Zweierkästen gibt es (bisher) nicht aus Holzbeton, sondern nur aus Holz fertig oder als Bausatz zu kaufen. Deshalb und vor allem wegen der seitlich angebrachten Einflugöffnungen kann man sie im Gegensatz zum »Dreifamilien-Reihenhaus« nicht einmauern. Natürlich kann man beide Varianten auch in einem Modell kombinieren, also bei einem Nistkasten mit drei Brutkammern die Einfluglöcher für die äußeren Kammern an den Seiten, für die mittlere Kammer vorne anlegen – entsprechende Modelle sind bei einigen Lebenshilfewerken erhältlich.

Haussperlinge brüten gelegentlich in leeren Nestern der Mehlschwalbe ...

Genauso gut kann man den Haussperlingen auch **Einzelnistkästen** anbieten, hier muss das Einflugloch allerdings größer sein als bei Nistkästen für Feldsperlinge, am besten ist eine hochovale Öffnung von 30 × 45 Millimetern. Der Grund: Als Halbhöhlenbrüter oder Nischenbrüter benötigen Haussperlinge mehr Licht im Inneren als der Vollhöhlenbrüter Feldsperling. Die fertig zu kaufenden Dreier-Reihenhäuser aus Holzbeton haben wegen des besseren Lichteinfalls jeweils zwei Öffnungen pro »Appartement«.

Mehrere benachbarte Einzelkästen sollten am besten mit einem Abstand von etwa einem halben Meter angebracht werden. Man kann sie, wenn der Platz nicht ausreicht, auch etwas dichter hängen. Dann steigt zwar das Risiko, dass sich benachbart brütende Spatzenpaare gegenseitig stören, doch sollte im Zweifelsfalle der Grundsatz gelten: Lieber zu eng hängen als zu wenige Nistkästen anbieten!

Hinweise zum Anbringen eines Spatzenreihenhauses leiten sich von Beobachtungen und den Ansprüchen der Spatzen ab: Es sollte möglichst hoch und vor Wettereinflüssen wie Wind, Schlagregen und möglichst auch vor neugierigen Blicken geschützt an einer sonnigen Stelle hängen oder eingebaut sein. Auch scheint es von Vorteil zu sein, wenn dichtes Gebüsch oder ein Baum in der Nähe ist, der aber den Brutplatz nicht beschatten darf. Dabei reicht es offenbar, wenn einzelne Äste nah an den Brutplatz heranragen – doch nicht so nah, dass Katzen und Marder die Nester erreichen können. Die Wahrscheinlichkeit, dass die geselligen Vögel in die Nistkästen einziehen, steigt mit der Anzahl der angebotenen Brutmöglichkeiten. Finden potenzielle Neubesiedler, in der Regel umherstreifende Jungvögel, zu wenige Niststätten vor, siedeln sie sich möglicherweise gar nicht erst an, weil an diesem Standort keine Kolonie entstehen kann. Einzelbruten wie beim Feldsperling kommen nur selten vor.

Sinnvollerweise sollten also gleich mehrere Spatzenreihenhäuser angebracht werden – je mehr, desto besser. Hängen sie sehr dicht nebeneinander, ist unter Umständen das »Dreierhaus« mit den nach vorne zeigenden Öffnungen sinnvoller als das »Zweierhaus« mit den seitlichen Öffnungen, das hängt natürlich vom vorhandenen Platz ab. Bei passenden Bedingungen können auch Feldsperlinge in ein solches Reihenhaus einziehen. Ein Hersteller bietet für seinen Dreier-Kasten aus Holzbeton zusätzlich eine Vorderfront mit nur einem Loch pro Nisthöhle an, die gegen die herkömmliche Vorderfront mit zwei Löchern ausgetauscht werden kann (Bezugsquelle siehe Seite 188). Damit bekommen die einzelnen Appartements mehr Höhlencharakter und sind damit attraktiver für Feldsperlinge, die es als echte Höhlenbrüter innen dunkler lieben als die

... und bauen auch frei stehende Nester.

Haussperlinge. Manchmal wirkt eine solche Modifikation aus unerfindlichen Gründen auch Wunder bei Kästen, die für Haussperlinge vorgesehen waren und von den Vögeln bisher verschmäht wurden: Nach Erfahrungen vor allem in Süddeutschland nehmen diese die Kästen mit neuer Vorderfront problemlos an. Offenbar bevorzugen manche Populationen mehr Licht im Nistkasten, andere weniger – vielleicht eine Form von Prägung an den Geburtsort.

Die Kästen sind so konstruiert, dass sie sich leicht reinigen lassen, notwendig ist das aber nicht unbedingt und manchmal, wenn sie sehr hoch angebracht wurden, auch nur mit größerem Aufwand zu bewerkstelligen. Der beste Zeitpunkt dafür ist die Zeit der spätsommerlichen Schwarmphase ab etwa Ende August, wenn die Vögel die Brutkolonie vorübergehend verlassen. Das gilt allerdings nur für ländliche Populationen, Stadtspatzen bleiben meistens am Ort. Hier könnte sich eine Reinigungsaktion störend auswirken – wenn sie dennoch sein soll, am besten im selben Zeitraum wie bei den Landspatzen oder kurz vor der Brutzeit. Im Zweifel lieber auf eine Reinigung verzichten, als die Spatzen zu vertreiben.

Auch Hohlräume unter Dachziegeln bieten Platz für Spatzennester.

> **Mit List und Tücke ...**
> Nisthilfen für Spatzen und auch Stare waren schon im 16. und 17. Jahrhundert bekannt: Man hängte einfach Tongefäße ohne Boden so an der Wand auf, dass eine Art Höhle entstand. Damit lockte man die Vögel, darin zu brüten – um anschließend durch die rückwärtige Öffnung bequem die wohlgenährten Jungen herauszuholen und zu verspeisen.

Spatzenreihenhäuser sind nicht die einzigen Nisthilfen, die man Haussperlingen anbieten kann. Ebenso nehmen sie sogenannte **Halbhöhlen** an, die zum Beispiel auch für andere Nischenbrüter wie Hausrotschwanz und Bachstelze geeignet sind. Klassische Halbhöhlen mit einer halbhohen Vorderwand bieten allerdings keinen Schutz vor potenziellen Nesträubern wie Katzen, Elstern oder Eichhörnchen und müssen daher in größerer Höhe geschützt angebracht werden, zum Beispiel in üppiger Fassadenbegrünung oder schlecht einsehbar in einer Nische. Zudem sollte die Öffnung nicht nach vorne, sondern zur Seite zeigen. Von Haussperlingen werden solche Halbhöhlen meist recht gern angenommen, zumindest soweit keine besseren Nistplätze vorhanden sind. Eine Bauanleitung findet sich ab Seite 175. Auch in diesem Falle sollte man mehrere solcher Nisthilfen im Pulk anbringen.

Mitunter spezialisieren sich einzelne Elstern darauf, diese Kästen regelrecht »abzuernten«. Wesentlich besseren Schutz vor Nesträubern bieten die modernen **Nistkästen für Nischenbrüter,** die im Fachhandel erhältlich sind: Sie sind allseits geschlossen, durch mehrere kleinere Öffnungen an der Vorderseite dringt jedoch genügend Licht ein und die Öffnungen sind natürlich auch groß genug, dass die Vögel einfliegen können. Der Nachteil dieser Kästen ist, dass sie sehr groß und entsprechend schwer (und auch teuer) sind.

Es gibt weitere Möglichkeiten, Spatzen künstliche Brutnischen anzubieten: So kann man **Niststeine** für Nischenbrüter – und auch spezielle Mauerseglerkästen, die ebenfalls von Spatzen angenommen werden – in der Fassade einmauern, eine Möglichkeit, die sich besonders bei Neubauten oder Renovierungsarbeiten anbietet. Eine entsprechende Dämmung kann verhindern, dass durch den Einbau dieser vorgefertigten Elemente unerwünschte Kältebrücken entstehen. Mittlerweile gibt es auch Nistkästen mit gedämmter Rückwand für den Einbau in Fassaden mit Wärmedämmverbundsystemen. Eine weitere Möglichkeit sind **Nistlochplatten:** Dabei werden ausgesparte Nischen im Mauerwerk mit einer farblich angepassten und mit einem Einschlupfloch versehenen Platte aus Holz oder – besser – Stein verblendet. In diesen Fällen ist anschließend in der Fassade nur das Einschlupfloch zu sehen. Das mag manchem Hausbesitzer besser gefallen als eine von außen an der Fassade angebrachte Nisthilfe oder gleich mehrere davon. Zusätzlich gibt es natürlich die Möglichkeit, den Spatzen Zugang zu Hohlräumen unter verblendeten Dachvorsprüngen zu ermöglichen.

Sofern nicht ohnehin als Ausgleichsmaßnahme für die Zerstörung vorhandener Niststätten vorgeschrieben (siehe Seite 119), ist es sinnvoll, bei anstehenden Baumaßnahmen bereits im Vorfeld entsprechende Anregungen zu geben. Zum Beispiel als Mieter der zuständigen Wohnungsbaugesellschaft und am besten in Zusammenarbeit mit erfahrenen Fachleuten einer Naturschutzorganisation. Als Mieter benötigen Sie für bauliche Veränderungen aller Art, streng genommen selbst für das Aufhängen eines Spatzenreihenhauses, stets die Zustimmung des Vermieters. Doch egal, welche Möglichkeit man wählt: Wichtig ist, man schafft überhaupt – oder belässt! – Nistmöglichkeiten.

Mehr zum Thema Nisthilfen für Spatzen und andere Gebäudebrüter mit instruktiven Zeichnungen finden Sie in entsprechender Fachliteratur oder im Internet (siehe ab Seite 182 und Seite 172).

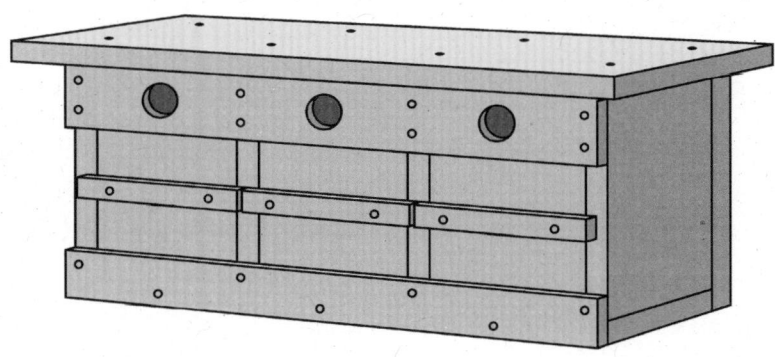

Spatzenreihenhaus oder Spatzenhotel

Wände und Mauern begrünen

Häuser mit grünem Pelz ziehen Spatzen und auch andere Vögel magisch an. Sie finden im dichten Laub geschützte Schlaf- und Ruheplätze, Insekten und andere Kleintiere, teilweise auch Beeren als Nahrung, und sie bauen vielfach ihre Nester darin. Wie beliebt von Pflanzen üppig überwachsene Gebäudefassaden bei Spatzen sind, zeigt das vielstimmige Getschilpe, das regelmäßig aus dem wuchernden Grün ertönt.

Gerade in dicht bebauten Stadtbereichen, wo es oft an Hecken und Gebüschen mangelt, stellt die Fassadenbegrünung ein wesentliches Element im Lebensraum der Spatzen dar. Auch für den Menschen haben begrünte Wände (und Dächer) gerade in den Häuserschluchten der Großstadt wichtige Funktionen: Sie puffern Klimaextreme ab, spenden Sauerstoff und bieten im tristen Grau zudem etwas für das Auge. Im Sommer schützt der dichtlaubige Bewuchs die Wand vor zu starker Sonneneinstrahlung und sorgt durch Verdunstung für ein angenehmeres Kleinklima. Im Winter haben immergrüne Kletterpflanzen wie der Efeu zudem eine isolierende Wirkung gegen Kälte: Die Luftschicht zwischen den Blättern und zwischen Haus und Pflanze isoliert gerade in der Stadt, wo die winterlichen Temperaturen in der Regel um einige Grade höher liegen als im Umland, oft ebenso gut gegen Kälte wie eine technische Fassadendämmung. Extreme Temperaturschwankungen und auch Starkregen können der Wand damit nichts anhaben.

Dennoch: In den letzten Jahrzehnten war die Fassadenbegrünung bei vielen Bauherren, Eigentümern, Planern und Architekten nicht wohlgelitten und musste glatten, schnörkellosen und »sauber« gedämmten Gebäudeflächen weichen. Für die Spatzen wahrlich keine gute Wahl, und so verschwanden sie denn auch vielerorts in der Stadt. Da es, je nach Art der verwendeten Pflanzen, oft viele Jahre dauert, bis eine Fassadenbegrünung so üppig geworden ist, dass sie die Ansprüche der Vögel erfüllt, sollte man unbedingt versuchen, vorhandenen Bewuchs zu erhalten, soweit es irgend geht.

Wenn dennoch Reparaturarbeiten anstehen, sollten die Pflanzen nur zurückgeschnitten und nicht ganz entfernt werden. Denn gerade in den dicht bebauten Innenstadtbereichen, wo eine Fassadenbegrünung am nötigsten ist, sind die Böden oftmals so stark versiegelt, dass eine Neupflanzung von kletternden oder rankenden Pflanzen oft recht aufwendig ist. Einzelne engagierte Bürgerinnen und Bürger können dort in aller Regel auch nicht selbst tätig werden. Es ist aber sinnvoll, mit entsprechenden Anregungen an die Stadtverwaltung heranzutreten und bei Neubauten am besten bereits in der Planungsphase mit

Efeu und andere Kletterpflanzen bieten den Spatzen Deckung und Nistmöglichkeiten.

den Verantwortlichen Kontakt aufzunehmen. Als Mieter in einem Wohnblock kann man ebenfalls, möglichst mit einigen Gleichgesinnten oder dem örtlichen Naturschutzverband, die zuständige Wohnungsbaugesellschaft ansprechen und den Schutz oder die Neupflanzung einer Fassadenbegrünung anregen. Oftmals zeigen sich die Wohnungsbaugesellschaften offen für sinnvolle und (auch finanziell) gut umsetzbare Maßnahmen zur ökologischen Verbesserung des Wohnumfeldes. Die Erfahrung zeigt, dass sich gerade bei Nisthilfen einiges erreichen lässt. Warum also nicht auch beim Thema Fassadenbegrünung einen Versuch wagen?

Wer ein Eigenheim besitzt, hat es natürlich in der eigenen Hand, es unter üppigem Grün verschwinden zu lassen. Leider stehen dem oft Vorbehalte entgegen, die teils auf falschen Vorstellungen, Unwissenheit und unbegründeten Befürchtungen beruhen. Andererseits gilt es aber tatsächlich einige wichtige Dinge bereits bei der Planung zu beachten, um Misserfolgen und späteren Unannehmlichkeiten vorzubeugen.

Welche Pflanzen eignen sich für eine Fassadenbegrünung?

Geeignet sind alle Pflanzenarten, die natürlicherweise Mauern, große Sträucher oder Bäume als Kletterhilfen nutzen, um ans Licht zu gelangen. Da sie im Boden wurzeln und eigene Blätter entfalten, sind sie Selbstversorger und keine Schmarotzer. Je nach Art der Klettertechnik unterscheidet man verschiedene Typen: »Selbstklimmer« halten sich entweder mit Haftwurzeln (Efeu, Kletterhortensie) oder mit Haftscheiben (Wilder Wein, Jungfernrebe) an der Unterlage fest. Sie benötigen daher kein Klettergerüst wie alle anderen Kletterpflanzen, die man in »Ranker«, in »Schlinger« und in »Spreizklimmer« unterteilt.

Ranker umschlingen eine natürliche oder künstliche Rankhilfe mithilfe von speziell ausgebildeten Seitensprossen, Blattstielen oder umgewandelten Blättern. Dementsprechend unterscheidet man Sprossranker (zum Beispiel Echter Wein), Blattstielranker (zum Beispiel Waldrebe = Clematis) und Blattranker (meist Einjährige wie die Duftwicke). Schlinger, auch »Winder« genannt, umschlingen Zweige und dünnere Äste oder Drähte mit dem gesamten Spross (zum Beispiel Schlingknöterich, Blauregen). Spreizklimmer schließlich verhaken sich mit gebogenen Stacheln im Geäst oder in einer künstlichen Kletterhilfe und hangeln sich so nach oben. Hier sind vor allem die Kletterrosen zu nennen, die wie alle Rosen entgegen dem allgemeinen Sprachgebrauch keine Dornen, sondern Stacheln haben, also Auswüchse der Blatthaut, die sich leicht abbrechen lassen.

Die Auswahl der passenden Kletterhilfe richtet sich nach der gewählten Pflanzenart. Pflanzen am Haus, die ein Klettergerüst benötigen, haben den Vorteil, dass man ihren Wuchs durch dessen Form und Dimension steuern kann. Man muss nur dafür sorgen, dass bei starkwüchsigen Arten ein ausreichender Abstand von mindestens einem halben Meter bleibt zu baulichen Strukturen, die nicht überwuchert werden sollen, etwa Regenrinnen oder Regenfallrohre. Letztere kann man übrigens mithilfe spezieller Rankhilfen gut mit einjährigen Arten begrünen, starkwüchsige Arten wie der Blauregen (Glyzine) sind ohne Weiteres in der Lage, ein Regenrohr im Laufe weniger Jahre zu zerquetschen. Bei Selbstklimmern kann man das Wachstum nur durch regelmäßiges Schneiden begrenzen. Für die flächige Begrünung großer Fassadenflächen sind sie zwar gut geeignet, doch muss man insbesondere aufpassen, dass die Pflanzen nicht die Dachrinnen verstopfen oder Dachpfannen anheben.

Welche Kletterpflanzen man letztendlich auswählt, hängt unter anderem von den Standortbedingungen (Klima, Sonnenexposition, Bodenart, Feuchtigkeit), dem vorhandenen Platz, von den Besonderheiten der Pflanzen (wie Blüten, Blattfärbung, Frosthärte, Wüchsigkeit) sowie den eigenen Vorstellungen ab.

Schaden die Pflanzen der Fassade?

Schling- und Rankpflanzen, die auf eine Kletterhilfe angewiesen sind, kommen mit der Wand nicht nennenswert in Berührung, da die Konstruktionen immer einen gewissen Abstand zur Wand aufweisen müssen. Sie schädigen das Bauwerk daher nicht, sondern schützen es im Gegenteil vor Witterungseinflüssen.

Anders sieht es unter Umständen mit Selbstklimmern aus. Die Haftscheiben etwa des Wilden Weins richten soweit keinen Schaden an, weil sie nicht ins Mauerwerk eindringen, sondern sich nur festhalten. Da die Pflanzen im Laufe der Jahre bei guten Bedingungen jedoch stark wachsen und dadurch ein entsprechend hohes Gewicht erreichen können, kann es passieren, dass irgendwann die ganze Pracht mitsamt dem Putz am Boden liegt. Bei unverputzten Mauern kann das nicht passieren, auch die Art des Putzes spielt eine große Rolle. Gefürchtet ist der Efeu, ausgerechnet eine bei Spatzen und vielen anderen Tieren äußerst beliebte Kletterpflanze. Hier ist es wirklich entscheidend, dass die Fassade vor der Begrünung keinerlei Schäden aufweist. Denn die Haftwurzeln des Efeus fliehen das Licht und dringen durch kleine Risse und schadhafte Fugen ins Mauerwerk, das sie durch allmähliches Dickenwachstum schädigen können.

Grundsätzlich ungeeignet als Untergrund für Kletterpflanzen mit Haftwurzeln sind zum Beispiel Wärmedämmverbundsysteme, vorgehängte Fassaden aus Holz, Schiefer oder anderen Werkstoffen, kunststoffhaltige Wandputze oder luftporenhaltige Wärmedämmputze mit begrenzter Tragfähigkeit.

Bei geeigneter Auswahl schützt eine Fassadenbegrünung den Untergrund aber nicht nur vor witterungsbedingter Alterung, sondern auch vor sogenannten »Fassadenspechten«: Manche Buntspechte haben sich nämlich darauf spezialisiert, insbesondere wärmegedämmte Fassaden zu durchlöchern. Bei Probeschlägen mit dem Meißelschnabel klingt eine solche Fassade ähnlich hohl wie ein morscher Baum – Grund genug für den Specht, der Sache einmal buchstäblich auf den Grund zu gehen. Die erhofften Maden findet er dort zwar nicht, merkt aber sehr schnell, dass man in dem weichen Material ohne große Anstrengung Bruthöhlen anlegen kann. Damit schafft der Specht gleichsam als Rächer der Enterbten neue Brutmöglichkeiten für Spatzen, Stare und andere gefiederte Nachmieter, die nur allzu oft ihre bisherigen Quartiere durch die Fassadendämmung verlieren. Der Schaden, den solche Spezialisten unter den Spechten anrichten, ist allerdings oft beträchtlich und dauerhaft nur durch hohen Aufwand oder eben eine Fassadenbegrünung zu verhindern.

Schaden Kletterpflanzen dem Fundament oder im Boden verlegten Rohren?

Wurzeln orientieren sich nach dem Vorkommen von Wasser und Nährstoffen, insofern gibt es für sie keinen Grund, in das Fundament einzudringen. Ebenso verhält es sich mit intakten Wasserrohren. Pflanzen können nicht »wissen«, dass darin Wasser fließt. Dennoch werden Rohre oft dicht umwurzelt, weil die Grenzschicht zwischen Rohr und umgebendem Boden aus physikalischen Gründen oft besonders gut mit versickerndem Regenwasser durchfeuchtet ist, das an den Rohren entlang durchs Erdreich zieht. Nur wenn ein Rohr leck ist, dringen die Wurzeln ein und können es verstopfen.

Andererseits muss man unbedingt dafür sorgen, dass die Kletterpflanzen so nah am Haus – oft mit versiegeltem Umfeld und unter einem Dachüberstand, der Regen abhält – nicht an Wassermangel leiden und genügend durchwurzelbaren Boden zur Verfügung haben.

Wo können Kletterpflanzen sonst noch wachsen?

Neben Hausfassaden bieten sich Mauern und Holzwände aller Art an, zum Beispiel Stützmauern, Grenzmauern, Industriegebäude, Fabrikhallen, Schuppen, Ställe, Garagen, Carports, Holzmasten und Pfosten, aber auch abgestorbene Bäume, Hecken und sonstige vertikale Strukturen. Auf hierfür geeignete Gewächse, die erforderlichen und zweckmäßigen Rankhilfen sowie Pflanzung und Pflege kann hier nicht näher eingegangen werden. Wer eine Fassadenbegrünung oder sonstige Verwendung von Kletterpflanzen plant, sollte sich unbedingt vorher eingehend informieren. Hierfür sei auf entsprechende Literatur verwiesen, zum Beispiel auf das sehr empfehlenswerte, weil praxisnah und verständlich geschriebene Buch »Grüne Wände für Haus und Garten« (siehe Seite 182).

Welche Kletterpflanzen eignen sich besonders gut für Spatzen?

Bei Spatzen besonders beliebt sind solche Kletterpflanzen, die möglichst großflächig und bis in die Giebelspitze, bis unter das Dach oder zumindest in größere Höhe wachsen, dabei dicht und strukturreich sind und obendrein am besten immergrün und daher auch im Winter Schutz und Deckung bieten.

Unschlagbar ist hier der einheimische **Efeu** *(Hedera helix)*, der oft auch Baumstämme mit einem dichten, grünen Pelz umschlingt. Wie dargelegt, ist die Verwendung von Efeu mitunter nicht unproblematisch und will wohlüberlegt und gut geplant sein. Dafür bietet diese Pflanze Vögeln und Insekten reiche Nahrung: In den ersten Jahren investiert der Efeu alle Energie in das – dennoch recht langsame – Wachstum. Erst ab einem Alter von frühestens zehn Jahren bildet die Pflanze blühende Triebe, deren Blätter nicht typisch dreieckig oder fünfeckig gelappt, sondern herzförmig oder eilanzettlich bis rhombisch geformt sind. Sie glänzen auffallend dunkelgrün und sind meist deutlich größer als die normalen Blätter. Die winzigen, gelbgrünen Blüten stehen in halbkugeligen Dolden und erscheinen erst ab September bis in den November hinein und bilden damit den Abschluss des Blütenjahres. Dieses letzte Nektarangebot der Saison zieht unzählige Bienen, Schmetterlinge, Käfer, Fliegen und andere Blütenbesucher an, bevor sie sterben oder überwintern. Die dunkelblauen Efeubeeren erscheinen ab Januar bis April und ernähren viele Vogelarten. Für den Menschen sind sie allerdings giftig.

Die in deutschen Gärten beliebte **Kletterhortensie** *(Hydrangea petiolaris)*, ebenfalls ein Selbstklimmer mit Haftwurzeln, stammt ursprünglich aus Ostasien. Mit ihrem dichten Wuchs und ihrem zauberhaften, weißen Blütenflor ist sie für Menschen, Spatzen und Insekten gleichermaßen attraktiv.

Selbstklimmer mit Haftscheiben sind einige Varietäten der **Jungfernrebe,** namentlich die Fünflappige Jungfernrebe *(Parthenocissus quinquefolia* 'Engelmannii'*)* und die Dreilappige Jungfernrebe *(Parthenocissus tricuspidata* 'Veitchii'*)*. Beim Kauf muss man unbedingt die richtige Arten- und Sortenbezeichnung angeben, denn nur diese beiden haften zuverlässig mit Haftscheiben! *P. tricuspidata* und *P. quinquefolia* sind nämlich eigentlich Blattstielranker wie der **Echte Wein** *(Vitis vinifera)*. Deshalb und wegen der ähnlich geformten Blätter nennt man die Jungfernreben, obwohl nicht mit diesem verwandt, auch »Wilder Wein« oder »Mauerwein«. Die Blätter bilden vor dem Laubfall eine prächtige, scharlachrote bis dunkelrote Herbstfärbung aus, ebenso beim Echten Wein. Die Beeren der ursprünglich aus Nordamerika beziehungsweise Japan stammenden Jungfernreben reifen in unserem Klima meistens nicht aus, ernähren aber dennoch rund 20 Vogelarten.

Bei Spatzen äußerst beliebt, wegen seiner unbändigen Wuchskraft aber nur sehr eingeschränkt zu empfehlen ist der **Schlingknöterich** oder – botanisch exakt – der Schlingende Flügelknöterich *(Fallopia aubertii)*. Diese Pflanze sollte nur dort Verwendung finden, wo sie sich halbwegs ungestört entfalten kann, denn sonst sind ständige Schnittmaßnahmen erforderlich. Alte Scheunen, die bis übers Dach überwuchert werden dürfen, hohe Drahtzäune – zum Beispiel auf Sportplätzen hinter Fußballtoren – und Ähnliches bieten sich für eine

Ausgewählte spatzenfreundliche Kletterpflanzen

Name	Wuchshöhe Klettertyp	Standort*	Besonderheiten
Efeu	bis 30 m Selbstklimmer (Haftwurzeln)	halbschattig bis schattig	immergrün, späte Blüte, Nahrung für Insekten und Vögel
Kletterhortensie	5 – 10 m Selbstklimmer (Haftwurzeln)	halbschattig bis schattig	langsamer Wuchs, »romantischer« Blütenflor
Mauerwein	bis 10 m Selbstklimmer (Haftscheiben)	sonnig bis halbschattig	richtige Sorte beachten! Nahrung für Vögel (Beeren)
Dreilappiger Mauerwein	bis 20 m Selbstklimmer (Haftscheiben)	sonnig bis halbschattig	richtige Sorte beachten! Nahrung für Vögel (Beeren)
Echter Wein	bis 10 m Blattstielranker	sonnig, warm	Nahrung für Vögel (Trauben)
Schlingknöterich	8 – 15 m Schlinger	sonnig bis schattig	sehr starkwüchsig, regelmäßig kräftig zurückschneiden
Großblättrige Pfeifenwinde	bis 10 m Schlinger	halbschattig bis schattig	starkwüchsig, attraktive Blätter
Waldrebe (Clematis)	3 – 12 m Blattstielranker	sonnig bis halbschattig	zahlreiche Sorten, attraktive Samenstände
Kletterrosen	bis 6 m Spreizklimmer	sonnig	Nahrung für Insekten und Vögel

Quelle: Kleinod: Grüne Wände für Haus und Garten (2014)

* Alle Pflanzenarten bzw. deren Sorten stellen bestimmte Ansprüche an den Boden (Nährstoffgehalt, Säure- bzw. Basengehalt, Feuchtigkeit), über die man sich vor dem Kauf informieren muss. Entweder man wählt die Pflanzen nach dem vorhandenen Boden aus oder bereitet den Boden im Bereich des gewünschten Standortes nach deren Ansprüchen vor. Clematis brauchen einen beschatteten Wurzelbereich!

Begrünung mit dem Schlingknöterich an. Sehr robuste, sehr wüchsige Sträucher wie die Hasel können ebenfalls als Grundgerüst dienen, allerdings wird der Knöterich sie innerhalb weniger Jahre derart überwuchern, dass sie verkümmern und eventuell sogar eingehen. Die Triebe des Schlingknöterichs verschlingen sich dann umeinander und bilden bald ein undurchdringliches Verhau, das im Sommer mit zahlreichen weißen Blütenrispen recht hübsch aussieht, im Winter nach dem Laubfall allerdings ziemlich unansehnlich wirkt. Regelmäßig muss ein solches Gebilde mit einer Heckenschere im Zaum gehalten werden. Auch muss man ständig aufpassen, dass die langen Triebe nicht dort hingelangen, wo sie nichts zu suchen haben, etwa an benachbarte Gehölze, Regenfallrohre oder Dachrinnen. Ich habe bei einem seinerzeit neu übernommenen Grundstück einmal Wochen gebraucht, um Sträucher und wertvolle Obstbäume von der würgenden Last des Knöterichs zu befreien und ihn halbwegs zu bändigen. Seitdem gehe ich nie ohne Machete in den Garten ... Ich kann ihn nicht wirklich gut leiden, unseren Schlingknöterich, aber die Spatzen lieben dieses schreckliche Gestrüpp. Wenn ich morgens aus dem Fenster sehe, tummelt sich die versammelte Spatzenschar fröhlich tschilpend darin: die Haussperlinge vom Nachbarhof gegenüber, wo Pferde leben, genauso wie »unsere« Feldsperlinge, die jeden verfügbaren Nistkasten an Haus und Schuppen in Beschlag halten und sich auch unter dem Reetdach häuslich eingerichtet haben. Und solange das so ist, bringe ich es nicht übers Herz, dem schlingenden Monster den Garaus zu machen und den Spatzen (und mir) diese Freude zu nehmen.

Ebenfalls starkwüchsig ist die **Großblättrige Pfeifenwinde** *(Aristolochia macrophylla)*, ein Schlinggewächs aus Nordamerika, das auch noch im Schatten gedeiht und dessen große, dachziegelartig angeordnete, herzförmige Blätter Spatzen und anderen Vögeln bis in den Spätherbst hinein gute Deckung geben. In günstigen Lagen ist die Pflanze sogar wintergrün.

Schließlich sei auf die beliebten **Kletterrosen** und **Rambler-Rosen** *(Rosa-*Hybriden) in verschiedenen Sorten hingewiesen. Geschickt kombiniert mit **Waldreben** *(Clematis)*, von denen ebenfalls eine Fülle verschiedener Arten und Sorten im Handel erhältlich ist, ergeben sich dichte und wunderschön blühende Wandbegrünungen. Bei der Auswahl der Rosen sollte man unbedingt darauf achten, dass die Sorten nicht oder höchstens nur zum Teil gefüllt sind. Gefüllte Blüten sind steril und liefern keinen Pollen für Blütenbesucher, und natürlich gibt es dann auch keine Früchte, die bekannten Hagebutten, die als Nahrung bei vielen Vögeln und verschiedenen Kleinsäugern beliebt sind und die im Herbst und Winter mit ihrer roten Färbung weithin leuchten. Auf die schlingenden **Geißblattarten** *(Lonicera)*, die sich ebenfalls für die Begrünung von Wänden und Pergolen eignen, wird im Zusammenhang mit der vogelfreundlichen Gartengestaltung näher eingegangen (siehe Seite 154).

Hecken und Gebüsche pflanzen

Ähnlich wie üppig begrünte Wände spielen auch Hecken oder dichtes Gebüsch eine zentrale Rolle im Leben der Spatzen als Schutzraum und Versammlungsort (siehe Seite 77). So zentral, dass deren Vernichtung, zum Beispiel für Bauvorhaben, oder auch »nur« übertriebener Rückschnitt in zu kurzen Intervallen eine Spatzenkolonie für längere Zeit oder gar dauerhaft vertreiben können. Der Erhalt und die richtige Pflege solcher Gehölzbestände ist daher immens wichtig. Hinsichtlich der erforderlichen Schnittmaßnahmen ist grundsätzlich zu unterscheiden zwischen einer jährlich geschnittenen Formhecke und einer frei wachsenden Hecke.

Schnitthecke

Schnitthecken sind in Gärten und Kleingartenanlagen sehr häufig als Umfriedung zu finden, in formalistisch gestalteten Parks auch als den Raum gliedernde Elemente. Sie werden durch jährlichen Schnitt der jungen Triebe dicht und stabil gehalten. Für die Anlage einer solchen Schnitthecke eignen sich im Prinzip viele Gehölzarten, gängige heimische Heckensträucher sind zum Beispiel Hainbuche, Feldahorn, Eibe, Weißdorn, Berberitze und Liguster. Um gleichmäßigen Wuchs zu erhalten, sollten solche Hecken immer nur aus einer einzigen Art bestehen. Für welche man sich letztlich entscheidet, hängt unter anderem vom vorhandenen Lichteinfall ab: Während die drei letztgenannten Gehölzarten volle Sonne lieben, gedeihen die übrigen drei auch in schattigeren Lagen.

Aus Spatzensicht ist weniger die spezielle Gehölzart entscheidend als vielmehr die Struktur einer Schnitthecke: Sie sollte möglichst hoch und breit sein, eine gute innere Struktur durch reiche Verzweigung aufweisen sowie nach Möglichkeit immergrün sein oder zumindest ihr Laub möglichst bis in den Winter hinein halten.

Spatzens Liebling ist in dieser Hinsicht sicherlich die **Hainbuche** oder **Weißbuche,** die übrigens trotz ihres Namens mit der bekannten Rotbuche (ebenfalls ein gutes Schnittheckengehölz) nicht näher verwandt ist, sondern zu den Birkengewächsen zählt. Regelmäßiger Rückschnitt, ohne den die Hainbuche zu einem kleineren Baum auswachsen würde, lässt eine reiche Verzweigung entstehen, und im Gegensatz zu anderen sommergrünen Gehölzen verliert sie ihr im Herbst vertrocknendes Laub erst im nächsten Frühjahr. Spatzen finden in einer Hainbuchenhecke also auch im Winter gute Deckung. Da sie zudem anspruchslos und robust ist, zählt sie auch bei Gärtnern und Hausbesitzern zu

Feldsperlinge lieben den Schutz dichter Dornhecken.

den Favoriten. Sehr guten Schutz durch ihre bedornten Triebe bieten **Weißdorn** und **Berberitze,** die allerdings kein Winterlaub zu bieten haben. Eine eigens für die Heckenverwendung gezüchtete immergrüne Sorte ('atrovirens') des eigentlich sommergrünen **Ligusters** bietet durch seine straff aufrechten, wenig verzweigten Triebe eine vergleichsweise schwach ausgeprägte innere Struktur. Spatzen nutzen Ligusterhecken natürlich auch, finden dort aber viel weniger Platz zum gemütlichen Sitzen als bei der Hainbuche oder dem sommergrünen **Feldahorn.** Die **Eibe** ist ein Nadelgehölz und in allen Teilen – mit Ausnahme des roten Fruchtfleisches – stark giftig. Den Menschen bietet sie ganzjährig hervorragenden Sichtschutz, mit ihrer düsteren Erscheinung und ihrer Symbolik kann sie aber auch ein wenig Friedhofsatmosphäre verbreiten. Den Spatzen scheint das allerdings ziemlich egal zu sein. Von den nichtheimischen Gehölzen, die sich gut für eine Schnitthecke eignen, sei der **Feuerdorn** genannt, ein immergrüner Strauch, der sich ab dem Spätsommer mit roten oder orangefarbenen Beeren schmückt.

Unabhängig von der Gehölzart werden Schnitthecken mindestens einmal jährlich »geschoren«: Der Hauptschnitt wird im Sommer ab Ende Juni – wegen der Brutzeit der Vögel besser erst ab Mitte Juli (vorher auf besetzte Nester kontrollieren!) – durchgeführt, ein Nachschnitt kann im Spätwinter oder Vorfrühling erfolgen. Bei guter Pflege und gesundem Wachstum genügt häufig ein einmaliger Sommerschnitt. Zu beachten ist, dass die Heckenkrone schmaler gehalten wird als die Heckenbasis, damit auch die unteren Bereiche genügend Licht bekommen und nicht verkahlen. Das gilt natürlich ganz besonders für die Licht liebenden Arten. Jeder neue Schnitt sollte etwas weiter außen ansetzen als der vorherige, weil bei einer Schnittführung, die alljährlich auf derselben Ebene erfolgt, die Sträucher mit der Zeit weniger stark oder gar nicht mehr ausschlagen und Lücken entstehen können. Da die Hecke dabei immer höher und breiter wird, erfolgt von Zeit zu Zeit ein kräftigerer Rückschnitt, damit sie nicht zu viel Platz wegnimmt und man sie noch gut pflegen kann. Spatzen allerdings kann es gar nicht hoch und breit (und dicht) genug sein. Mitunter findet man regelmäßig gepflegte Hainbuchen-Schnitthecken von drei Meter Höhe und anderthalb Meter Breite – das reinste Paradies für Spatzen, deren vielstimmiger Chor den bei einer solchen Dimension doch recht erheblichen Schnittaufwand belohnt.

Frei wachsende Hecke

Der Vorteil einer Schnitthecke ist der verhältnismäßig geringe Platzbedarf. Nachteile sind neben der jährlichen Arbeit vor allem das weitgehende Fehlen von Blüten und Früchten. Wesentlich attraktiver für eine Vielzahl wild lebender Tiere aller Art – von Säugetieren über Vögel bis zu Schmetterlingen, Bienen und vielen anderen Insekten – ist eine frei wachsende Hecke aus vielen oder zumindest mehreren möglichst heimischen Sträuchern (die allerdings ebenfalls einen gelegentlichen Rückschnitt benötigt).

In der Vergangenheit haben zahlreiche Gehölze aus fremden Ländern wie Rhododendren, Forsythie, Kirschlorbeer (botanisch exakt: Lorbeerkirsche) oder China-Wacholder den Weg in unsere Gärten und Parks gefunden und die heimischen Sträucher weitgehend verdrängt. Aus gestalterischer Sicht können Exoten und Zuchtformen im Siedlungsbereich eine Bereicherung sein, die ökologische Funktion der in unseren Breiten ursprünglich beheimateten Vertreter können sie allerdings meist nicht einmal ansatzweise erfüllen. Deckung finden Spatzen und andere Vögel in einer Hecke aus Ziersträuchern zwar häufig genauso gut wie in einer solchen aus einheimischen Gehölzen, aber keine oder kaum Nahrung. Tiere und Pflanzen haben sich nämlich im Laufe einer langen gemeinsamen Entwicklung (Koevolution) aufeinander eingestellt: So benötigen zum Beispiel die Larvenstadien vieler Insekten ganz bestimmte Futterpflanzen. Die meisten Exoten sind in dieser Hinsicht für heimische Pflanzenfresser nutzlos, auch wenn manche von ihnen Nektarquellen für Bienen und Schmetterlinge sind.

Auch Vögel bevorzugen die Früchte einheimischer Sträucher. Im Durchschnitt ernährt ein heimisches Gehölz 21 Vogelarten (bis über 60 Arten bei Vogelbeere und Schwarzem Holunder!), ein fremdländisches dagegen nur vier. Besonders schlecht schneiden hier Exoten ohne heimische Verwandtschaft ab. Wenige Beispiele mögen dies verdeutlichen: So fressen fast 50 Vogelarten die Früchte unserer Wildkirsche, die daher auch den gebräuchlichen Namen »Vogelkirsche« trägt, die Früchte des verwandten, aber nicht ursprünglich heimischen kaukasischen Kirschlorbeers ernähren nur drei Arten. Ein ähnliches Verhältnis finden wir beim Vergleich des einheimischen Weißdorns (32 Vogelarten) mit dem nordamerikanischen Scharlachdorn (3 Vogelarten). Forsythien, Rhododendren und Azaleen bilden in unseren Breiten erst gar keine Beeren aus oder sind sterile Zuchtformen.

Wenn wir also eine Hecke neu pflanzen – ob für Spatzen oder generell – sollten wir einheimische Gehölze wählen. In der freien Landschaft ist dies sogar gesetzlich vorgeschrieben. Aufpassen muss man aber, dass man keine ungeeignete Zuchtform eines heimischen Gehölzes ersteht: So gibt es zum Beispiel vom Gemeinen Schneeball, der bei uns an Grabenrändern und anderen feuchten Stellen wächst, sterile Formen mit gefüllten Blüten, die weder Nektar noch Pollen liefern und später natürlich auch keine Beeren ansetzen. Und noch etwas spricht für die Verwendung heimischer Gewächse: Sie sind in der Regel auch viel robuster als die allermeisten Exoten, weil von Natur aus an die hiesigen Klima- und Bodenverhältnisse angepasst, und nicht zuletzt deutlich kostengünstiger.

Allerdings wäre es übertrieben, grundsätzlich jede nichtheimische Art aus dem Garten zu verbannen, zumal einige wie Flieder oder Bauernjasmin auf eine lange gärtnerische Tradition zurückblicken. Heimische Sträucher sollten jedoch mindestens zwei Drittel des Gehölzbestandes im Siedlungsraum ausmachen. Im Zweifel sollte die Entscheidung daher für den Wildstrauch fallen, also etwa Kornelkirsche statt Forsythie, Weißdorn und Holunder statt Rhododendron und Ranunkelstrauch. Einige Ziersträucher mit Wildcharakter oder naturnahe Zuchtformen, zum Beispiel von Wildrosen, lassen sich jedoch auch gut mit heimischen Wildgehölzen kombinieren und können mit ihren Blüten oder Früchten zusätzliche Akzente in der Hecke setzen. Schließlich soll diese nicht nur den Spatzen und anderen Tieren gefallen, sondern auch den Menschen. Als Gartenbesitzer kann man unmittelbar Einfluss auf den Gehölzbestand der eigenen Scholle nehmen, sehr viel schwieriger ist das zum Beispiel für Mieter im Umfeld ihrer Wohnung. Man kann aber mit Gartenbauämtern oder Wohnungsbaugesellschaften, die für ihre Außenanlagen zuständig sind, reden und versuchen, entsprechenden Einfluss zu nehmen, am besten immer wieder und von verschiedener Seite, denn wie heißt es so schön: Steter Tropfen höhlt den Stein ...

Übrigens sind unsere heimischen Straucharten als Nahrungspflanzen bei Tieren unterschiedlich beliebt, wie nachfolgender Vergleich der Top 5 für Vögel, Säugetiere und Insekten zeigt.

Vögel	**Insekten**	**Säugetiere**
Vogelbeere	*Salweide*	*Apfel*
Schwarzer Holunder	*Weißdorn*	*Hasel*
Vogelkirsche	*Schlehe*	*Birne*
Traubenholunder	*Hasel*	*Wildrosen*
Himbeere	*Wildrosen*	*Himbeere*

Darüber hinaus ernähren auch Pflanzen jenseits der Top 5 immer auch Tiere – vor allem Insekten –, die teilweise hoch spezialisiert sind. Eine hohe Artenvielfalt heimischer Gehölze (und Stauden, siehe Seite 148) ist also eine wesentliche Grundlage für die Artenvielfalt von Tieren. Je nach vorhandenem Platz kann und sollte man also mehrere Arten kombinieren. Ein wildes Sammelsurium sollte es aber auch nicht sein, denn es wirkt immer natürlicher, mehrere Sträucher der gleichen Art in Gruppen zusammenzupflanzen. Das erleichtert auch die spätere Pflege ungemein, weil schnellwüchsige Arten langsam wachsende Nachbarn unterdrücken, die dann regelmäßig wieder freigestellt werden müssen. Nur größere Sträucher wie die Hasel oder kleine Bäume wie Vogelbeere oder Wildobstgehölze sollten besser einzeln in die Hecke gepflanzt werden.

Wertvolle Gehölze für Vögel und andere Tiere

Straucharten mit Dornen oder Stacheln bilden eine undurchdringliche Vogelschutzhecke. Auch der einheimische Rote Hartriegel bietet, obwohl unbewehrt, durch seinen dichten Wuchs und intensive Ausläuferbildung gute Deckung und auch Beeren als Nahrung für rund 20 Vogelarten.

Gehölze für die Vogelschutzhecke:

Weißdorn, Schlehe*, Kreuzdorn, Brombeeren*, Stachelbeere, Wildrosen, Berberitze, Feuerdorn**

Gehölze mit besonders hohem Nahrungswert für Insekten, Vögel und Säugetiere:

Weißdorn (IVS), Schlehe* (IVS), Wildrosen (IVS), Brombeeren* (IVS), Kreuzdorn (IVS), Faulbaum (IVS), Rote Heckenkirsche (IS), Hasel (IS), Holzapfel*** (VS), Himbeere (VS), Feldahorn (IV), Vogelbeere (IV), Vogelkirsche*** (V), Holzbirne*** (S), Kornelkirsche (S), Schwarzer Holunder (V), Salweide (I)

I: Insekten   V: Vögel   S: Säugetiere

*Schlehen und Brombeeren können stark wuchern und sind daher nur für größere Gärten geeignet.
**Feuerdorn ist nicht heimisch, bietet durch seine immergrüne Belaubung auch im Winter Deckung.
***Anstelle der Wildobstgehölze kann man auch die Kultursorten pflanzen.

Holunderbeeren – bei Vögeln und Menschen gleichermaßen beliebt.

Eine frei wachsende Hecke braucht deutlich mehr Platz als eine regelmäßig getrimmte Schnitthecke. Wo der Platz begrenzt und bereits eine Schnitthecke vorhanden ist, bietet sich eine Kompromisslösung an: Eine Kombination von einzelnen oder in kleinen Gruppen gepflanzten, frei wachsenden Gehölzen mit der Schnitthecke ergibt für Vögel eine ideale Struktur: Die Schnitthecke bietet ausreichend Deckung, und höhere Sträucher oder kleine Bäume erfüllen weitere strukturelle Lebensraumansprüche (zum Beispiel als Singwarten) und liefern Nahrung in Form von Insekten und Beerenkost. Insofern muss Platzmangel in kleinen Gärten, der die Entfaltung frei wachsender, wuchtiger Hecken nicht erlaubt, kein Nachteil sein. Allerdings ist unbedingt darauf zu achten, dass die Schnitthecke dadurch nicht zu sehr beschattet wird, damit sie nicht verkahlt. Das gilt vor allem für lichthungrige Vertreter wie Weißdorn und Liguster. Deutlich toleranter gegenüber Beschattung sind zum Beispiel Hainbuche und Feldahorn. Idealerweise sollten größere frei wachsende Gehölze auf der Nordseite oder der Westseite einer Schnitthecke stehen. Es empfiehlt sich außerdem, einen ausreichenden Abstand zwischen frei wachsenden Büschen und Schnitthecke zu lassen, damit man sie bequem schneiden kann.

Schnitthecken lassen sich leider nicht ohne Weiteres in frei wachsende Hecken umwandeln, etwa indem man sie nicht mehr regelmäßig schneidet. Bei einer Schnitthecke stehen die einzelnen Pflanzen sehr dicht (in der Regel je nach Art drei bis vier Stück pro laufenden Meter) und würden sich bei fehlender Pflege gegenseitig Licht und Raum streitig machen, hoch aufwachsen und unten verkahlen. Bei einer frei wachsenden Hecke müssen die Pflanzabstände zwischen den einzelnen Gehölzen daher viel größer sein, damit sich die Pflanzen tatsächlich frei und arttypisch entfalten können und man in der Folgezeit nicht so viel schneiden muss. Die Übersicht auf Seite 146 informiert über die Blühzeiten und die Fruchtreife ausgewählter Arten sowie deren Ansprüche an Boden und Licht.

Ganz ohne Pflege, das heißt gelegentlichen Rückschnitt, kommt auch eine frei wachsende Hecke nicht aus. Der spätere Schnittaufwand lässt sich durch gute Planung und sachgerechte Pflanzung minimieren. Oft verleiten die beim Kauf meist noch kleinen Büsche dazu, viel zu dicht zu pflanzen. Zudem sollte man sich tunlichst vorher über die zu erwartende Wuchshöhe informieren und nur solche Bäume und Sträucher auswählen, die zu den konkreten Gegebenheiten des eigenen Grundstücks passen. Im Laufe der Zeit muss aber doch das eine oder andere Gehölz zurückgeschnitten werden, sei es, weil es zu umfangreich oder unten kahl geworden ist oder weil es verjüngt werden soll.

Die aus Ostasien stammende Kartoffelrose wird bei uns häufig gepflanzt – auch wegen ihrer besonders großen Hagebutten.

Je nach Zweck unterscheidet man verschiedene Schnitttechniken: Beim Auslichtungsschnitt werden nur einzelne Triebe vollständig(!) herausgeschnitten. Bei einem normalen Rückschnitt, der die Größe des Gehölzes reduzieren soll, werden zu lange Triebe von Zeit zu Zeit individuell eingekürzt. Eine leider sehr häufig in Gärten und Grünanlagen zu beobachtende Unsitte ist der gleichmäßige, jährliche Rundschnitt (wahlweise auch Kastenschnitt) von Gehölzen mit der elektrischen Heckenschere. Diese aus der Pflege von Schnitthecken abgeleitete Verstümmelung verhindert die Ausbildung eines arttypischen Wuchses und lässt alle Sträucher gleich aussehen. Solch traurige Gestalten werden durch diese unsachgemäße Pflege nahezu aller ihrer vielfältigen ökologischen Funktionen und fast ihres gesamten Wertes für Tiere beraubt. Soll ein überalterter oder verkahlter Strauch verjüngt werden, wird er bis kurz über dem Erdboden, das heißt bis zum Wurzelstock zurückgeschnitten. »Auf den Stock setzen« heißt diese Schnitttechnik im Fachjargon. Der Strauch treibt danach üppig und dicht wieder aus. Anders als bei der Schnitthecke, die stets komplett gestutzt wird, gilt: niemals die gesamte Hecke auf einmal auf den Stock setzen, sondern immer

Ausgewählte heimische Heckengehölze für Spatzen und andere Vögel

Deutscher Name Botanischer Name	Blühmonate Fruchtreife	Boden	Licht
Berberitze *Berberis vulgaris*	5 – 6 (Blüte gelb) 8 – 10 (Frucht rot)	trocken bis mittelfeucht	sonnig
Eibe *Taxus baccata*	3 – 5 (Blüte gelblich [männlich] gelbgrün [weiblich]) 9 – 10 (Frucht rot)	trocken bis mittelfeucht	halbschattig bis schattig
Feldahorn *Acer campestre*	5 – 6 (Blüte grünlich weiß) 8 – 9 (Frucht rötlich grün)	mittelfeucht	sonnig bis schattig
Hainbuche *Carpinus betulus*	5 – 6 (Blüte grünlich [männlich] rötlich [weiblich]) 10 (Frucht braun)	mittelfeucht	sonnig bis schattig
Roter Hartriegel *Cornus sanguinea*	5 – 6 (Blüte weißlich) 8 – 10 (Frucht schwarz)	mittelfeucht	sonnig bis halbschattig
Hasel *Corylus avellana*	2 – 3 (Blüte gelb [männlich] rot [weiblich]) 9 – 10 (Frucht braun)	mittelfeucht	sonnig bis halbschattig
Rote Heckenkirsche *Lonicera xylosteum*	5 – 6 (Blüte gelblich) 6 – 7 (Frucht rot)	mittelfeucht	sonnig bis schattig
Schwarzer Holunder *Sambucus nigra*	5 – 6 (Blüte cremeweiß) 8 – 9 (Frucht schwarz)	mittelfeucht bis feucht	sonnig bis halbschattig
Kreuzdorn *Rhamnus cathartica*	5 – 6 (Blüte gelbgrün) 9 – 11 (Frucht schwarz)	trocken bis mittelfeucht	sonnig bis halbschattig
Liguster *Ligustrum vulgare*	6 – 7 (Blüte weiß) 7 – 9 (Frucht schwarz)	trocken bis mittelfeucht	sonnig
Pfaffenhütchen *Euonymus europaeus*	5 – 6 (Blüte grünlich) 8 – 10 (Frucht orange)	mittelfeucht bis feucht	sonnig bis schattig
Schlehe *Prunus spinosa*	4 (Blüte weiß) 9 – 10 (Frucht blau)	trocken bis mittelfeucht	sonnig
Vogelbeere *Sorbus aucuparia*	5 – 6 (Blüte weiß) 8 – 9 (Frucht orange)	trocken bis mittelfeucht	sonnig bis halbschattig
Weißdorn *Crataegus monogyna, Crataegus laevigata*	5 (Blüte gelb) 9 – 10 (Frucht rot)	trocken bis mittelfeucht	sonnig
Wildrosen *Rosa spec.*	5 – 7 (Blüte rosa, weiß) 8 – 10 (Frucht rot)	trocken bis mittelfeucht	sonnig

Quelle: Westphal: Hecken – Lebensräume in Garten und Landschaft (2015)

nur einzelne Sträucher oder kleinere Abschnitte. Sonst verlieren Spatzen und andere Tiere schlagartig die notwendige Deckung. Leider passiert gerade das in städtischen Grünanlagen immer wieder: Dort werden häufig Hecken und Sträucher großflächig auf den Stock gesetzt. Das hat vielfach wohl weniger mit mangelnder Fachkenntnis seitens der Grünflächenämter zu tun als vielmehr mit finanziellen Zwängen: Wenn Geld da ist, wird so viel wie möglich zurückgeschnitten, damit es eine Weile hält. Schnittmaßnahmen als solche sind prinzipiell nicht zu beanstanden, wohl aber oft das Ausmaß und die Häufigkeit des Kahlschlags. Zwischen sinnvoller Pflege und Zerstörung des Gehölzbestandes liegt manchmal nur ein schmaler Grat. Fakt ist, dass nach solch einer Kahlschlagaktion die Spatzenpopulation der Umgebung – wenn es denn noch eine gab – verschwindet, weil ihnen ein wesentlicher Bestandteil ihres Lebensraumes genommen wurde.

Über weitere tierische Heckenbewohner, die vielfältigen ökologischen Beziehungen in einer Hecke sowie praktische Aspekte wie Planung, Pflanzung und Pflege informiert zum Beispiel das Buch »Hecken – Lebensräume in Garten und Landschaft« (siehe Seite 184).

Gärten spatzenfreundlich gestalten

Hecken und Gebüsche stellen zweifellos ein zentrales Element einer spatzenfreundlichen Gartengestaltung dar. Ansonsten muss man vorausschicken, dass Spatzen keine klassischen »Gartenvögel« sind wie etwa Amsel, Grünfink, Heckenbraunelle, Zaunkönig oder Blaumeise und als ursprüngliche Steppenvögel teilweise deutlich andere Ansprüche stellen als jene Arten, die aus Waldlebensräumen in den Siedlungsraum eingewandert sind.

Vor allem der Haussperling bevorzugt in der Stadt Quartiere mit dichter Bebauung, die sogenannte Wohnblockzone, in denen es nur wenige und dann sehr kleine private Gärten gibt. Auf dem Lande kommt er vor allem in dörflich geprägten »Bauerngärten« vor, besonders dort, wo es noch frei laufende Hühner, Pferde, Kleinviehhaltung und Gemüseanbau gibt. Dort findet man auch den Feldsperling, der zudem gerne Kleingartenanlagen besiedelt. In gewisser Weise schließen sich die Ansprüche von Spatzen und vielen Gartenbesitzern gegenseitig aus: Was die Vögel nicht mögen, sind – auf einen einfachen Nenner gebracht – gepflegte Gärten mit englischem Rasen, exotischen Ziersträuchern, Rosenrabatten und hochgezüchteten Stauden.

Wer wissen möchte, wie ein spatzenfreundlicher Garten in etwa aussehen sollte, der nehme entweder den oben erwähnten bäuerlichen Nutzgarten – den es heute praktisch nicht mehr gibt, seitdem man Gemüse und Kartoffeln ohne die Mühen von Aussaat, Pflege und Ernte jederzeit im Supermarkt um die Ecke kaufen kann. Oder er schaue sich eine städtische Baulücke an – mittlerweile wegen des zunehmenden Siedlungsdrucks leider ebenfalls immer seltener zu finden: ein Stück Brachland, das auf den ersten Blick etwas verwahrlost aussieht, sich aber bei genauem Hinsehen als eine Oase des Lebens entpuppt. Dort wird weder gedüngt oder gejätet noch werden Gifte gegen unerwünschten Wildwuchs oder lästige Insekten gespritzt. Deshalb können sich bunt blühende Wildstauden entwickeln, die niemand gepflanzt hat, und ungestört Samen ansetzen. Auf, unter und zwischen ihnen krabbeln, kriechen, fliegen und summen unzählige Insekten und ihre Larven, Spinnen und anderes Getier – ein Schlaraffenland nicht nur für Spatzen. Auf offenen Böden oder zwischen schütterem Pflanzenwuchs finden die Vögel zudem ein Plätzchen für ihr geliebtes Staubbad.

Ein solches Bild also sollte uns vorschweben, wenn wir unseren Garten spatzenfreundlich gestalten möchten. Oft reicht es schon, einige Flächen sich selbst zu überlassen und zu schauen, was sich entwickelt. Als Schüler habe ich einmal im elterlichen Garten einen Quadratmeter Rasen abgesteckt, der dann einige Wochen vom Rasenmäher verschont blieb. Nicht weniger als 21 verschiedene Arten von Blütenpflanzen konnte ich damals auf dieser kleinen Fläche entdecken, deren Samen offenbar im Boden vorhanden gewesen waren. Dennoch ist es keine Option, den Rasen nicht mehr zu mähen und darauf zu hoffen, dass sich eine artenreiche Blumenwiese daraus entwickelt. Das funktioniert in aller Regel nicht, weil die Rasen bildenden Gräser zu konkurrenzstark sind und den allermeisten der oft recht zarten krautigen Pflanzen auf Dauer keine Chance zur Entfaltung lassen. Dies gilt ganz besonders auf nährstoffreichem Boden, der das Wachstum von Gräsern und wenigen ebenfalls sehr konkurrenzstarken, Nährstoff liebenden Pflanzen wie der – als Raupenfutterpflanze für einige unserer schönsten Schmetterlingsarten durchaus wertvollen – Brennnessel fördert.

Wer also einen artenreichen, bunt blühenden **Wildstaudenbestand** haben möchte, braucht vorwiegend mageren, sprich nährstoffarmen Boden. Dort ist zudem die Vegetation oft nur schütter ausgebildet – genau das Richtige für Spatzen. Wer neu baut oder die Gartengestaltung noch vor sich hat, sollte also tunlichst nicht flächendeckend nährstoffreichen Mutterboden auffahren lassen, sondern wenigstens in Teilbereichen mageren Sand, vermischt mit Kies, kalkhaltigem Bauschutt und wenig(!) humushaltigem Substrat, als Oberboden wählen. Gut ist es auch, wenn das Gelände abwechslungsreich gestaltet wird, also zum Beispiel hier und da besonnte Hügel entstehen, die man zudem mit größeren Feldsteinen, Steinhaufen oder bizarrem Totholz optisch interessant gestalten kann. Wer nicht so viel Platz erübrigen kann oder will, kann auch ein entsprechend vorbereitetes Beet anlegen.

Viele Pflanzen werden von alleine kommen, vor allem auch einige der auf Seite 29 genannten Ruderalpflanzen wie Vogelmiere oder Vogelknöterich, deren Samen Spatzen besonders lieben. Sie wachsen teilweise auch auf versiegelten Flächen aus Plattenfugen oder am Rande vielbegangener Wege – wenn man sie denn lässt. Solche »Unkräuter« bekommt man nicht in der Gärtnerei. Andere, häufig sehr attraktive und stattliche Pflanzen für nährstoffarme und auch nährstoffreichere Standorte sind allerdings sehr wohl in einer gut sortierten Wildstaudengärtnerei erhältlich (siehe Seite 185). Die drei Tabellen ab Seite 150 stellen solche Pflanzen vor. Ausgewählt wurden sie vorrangig nach ihrer Attraktivität für das menschliche Auge – damit niemand meint, solch ein »Schuttplatz« könne nicht attraktiv sein. Für Spatzen sind diese und viele andere heimische Wildpflanzen als Nahrung entweder direkt (Samen) oder indirekt (Insekten und deren Larven, die an diesen Pflanzen leben) wertvoll.

Selbstverständlich gibt es für diese und andere Standorte noch viele weitere wunderschöne einheimische oder eingebürgerte Pflanzenarten wie den Natternkopf, die Kugeldistel, die Wilde Karde und, und, und ... Weitere Arten sowie Pflanzvorschläge für Wildblumenbeete auf verschiedenen Standorten finden sich in dem Buch »Der Naturgarten« des Biologen und Naturgartenprofis Reinhard Witt und in zahlreichen weiteren Büchern desselben Autors, allesamt mit viel Praxiswissen geschrieben und prächtig bebildert (siehe Seite 184).

Spatzenfreundliche Gärten lassen sich also sehr attraktiv bepflanzen und müssen nicht aussehen wie eine hässliche Schutthalde. Ein Angebot möglichst vieler verschiedener, einheimischer Pflanzen ist die Lebensgrundlage zahlreicher Insekten und ihrer Larvenstadien, die wiederum unverzichtbar für die junge Spatzenbrut sind. Von den Samen der Wildpflanzen ernähren sich die erwachsenen Vögel, ganz besonders die Feldsperlinge. Aus diesem Grunde und weil viele Insekten und ihre Entwicklungsstadien den Winter an und teilweise sogar in den verholzenden Stängeln großer Stauden überstehen, schneidet man diese erst im nächsten Frühjahr. Auch Gräser sollte man in einigen Bereichen nicht mähen, sondern zur Samenreife kommen lassen. Damit schafft man ein zusätzliches Nahrungsangebot für Spatzen. **Komposthaufen** sind ebenfalls eine gute Nahrungsquelle voll pflanzlicher und tierischer Leckerbissen für die Vögel.

Nur noch selten zu finden: bunte Blumenpracht am Wegesrand.
Acker-Hellerkraut, Mohn, Kornblume, Wegwarte, Habichtskraut (v. li. n. re.)

Attraktive Pflanzen für magere, sonnige Standorte

Deutscher Name Botanischer Name	Wuchshöhe	Blühmonate Blütenfarbe	Besonderes
Großblütige Königskerze *Verbascum densiflorum*	50 – 200 cm	6 – 9 gelb	Schmuckstaude über Winter
Schwarze Königskerze *Verbascum nigrum*	50 – 150 cm	5 – 8 gelb	purpurfarbene Staubfäden
Schwarzer Geißklee *Cytisus nigricans*	30 – 150 cm	6 – 8 goldgelb	Dauerblüher
Rosenmalve *Malva alcea*	50 – 150 cm	6 – 10 rosa	Spätblüher
Ähriger Ehrenpreis *Veronica spicata*	20 – 50 cm	6 – 9 violett	Dauerblüher
Ackerglockenblume *Campanula rapunculoides*	30 – 100 cm	6 – 8 blaulila	Wurzelausläufer

Quelle: Witt: Der Naturgarten (2001)

Attraktive Pflanzen für nährstoffreiche, sonnige Standorte

Deutscher Name Botanischer Name	Wuchshöhe	Blühmonate Blütenfarbe	Besonderes
Deutsche Schwertlilie Iris germanica	30 – 100 cm	5 – 6 blau	Duftpflanze
Moschusmalve Malva moschata	30 – 100 cm	6 – 10 rosa, weiß	Dauerblüher
Wiesenflockenblume Centaurea jacea	20 – 80 cm	6 – 10 violett	Insektenmagnet
Wiesenwitwenblume Knautia arvensis	30 – 80 cm	6 – 8 lila	Dauerblüher
Rainfarn Tanacetum vulgare	60 – 120 cm	7 – 10 gelb	Duftpflanze
Wilde Möhre Daucus carota	30 – 100 cm	6 – 9 weiß	zweijährig

Quelle: Witt: Der Naturgarten (2001)

Als weiterer Standort für attraktive Wildpflanzen bietet sich die frei wachsende Hecke an, die mit dem vorgelagerten Staudensaum eine ökologische Einheit bildet.

Attraktive Pflanzen für einen sonnigen Heckensaum

Deutscher Name Botanischer Name	Wuchshöhe	Blühmonate Blütenfarbe	Besonderes
Nesselblättrige Glockenblume Campanula trachelium	30 – 110 cm	6 – 8 blau, weiß	Dauerblüher
Wegwarte Cichorium intybus	30 – 120 cm	6 – 10 himmelblau	Dauerblüher
Bunte Kronwicke Coronilla varia	30 – 120 cm	6 – 10 rosa, weiß	klettert, wuchert
Blutstorchschnabel Geranium sanguineum	10 – 50 cm	5 – 9 rot	wuchert
Tüpfeljohanniskraut Hypericum perforatum	30 – 60 cm	6 – 8 gelb	Heilpflanze
Echter Pastinak Pastinaca sativa	40 – 120 cm	6 – 9 gelb	Duftpflanze

Quelle: Witt: Der Naturgarten (2001)

Der Acker-Wachtelweizen wächst an Ackerrainen und Wegrändern.

Ein besonderer Tipp: Wer etwas mehr Platz zur Verfügung hat, könnte sich an einem **Getreidebeet** mit Ackerbegleitpflanzen versuchen, die in der modernen Agrarlandschaft kaum noch einen Platz zum Überleben finden. Doch was hindert uns daran, die bunt blühenden Getreidefelder, die die Älteren noch aus ihrer Kindheit kennen, wenigstens im Kleinformat in unsere Gärten zu holen? Dazu wird Getreidesaat (zum Beispiel Weizen oder Hafer, beide vor allem bei Haussperlingen beliebt) mit den Samen von Ackerwildkräutern wie Mohn, Kornblume, Kornrade oder Adonisröschen vermischt und auf eine vorbereitete Fläche ausgesät. Damit das Ganze wirkt, sollte der Mini-Acker nicht zu klein bemessen sein. Im Spätsommer, wenn das Getreide reif ist und auch die Samen der Ackerwildkräuter ausgereift sind, wird der Bestand mit der Sense gemäht. Anders als bei einer normalen Ernte lässt man die Halme entweder so lange liegen, bis die Getreidekörner und Blumensamen ausgefallen sind, oder (besser) man schüttelt sie kräftig aus. Einen Teil der Körner und Samen kann man nach erneuter Vorbereitung des Pflanzbeetes für eine Neuaussaat im Herbst (bei Wintergetreidesorten) oder im nächsten Frühjahr (bei Sommergetreidesorten) gewinnen, den Rest lässt man den Spatzen als Festmahl.

Neben der Verwendung möglichst vieler einheimischer Stauden, Gräser und Gehölze ist auch der Verzicht auf übertriebene Ordnung im Garten ausschlaggebend dafür, dass Tiere sich wohlfühlen und dauerhaft überleben können. Naturnahe Gartengestaltung bedeutet zwar keineswegs, alles wild wuchern zu lassen, aber wie weiter oben ausgeführt, schätzen Spatzen ein gewisses Maß an natürlicher »Unordnung«. Das richtige Maß zwischen Gestaltung und »laissez faire« ist entscheidend. Dazu gehört auch, dass Platz ist für **»wilde Ecken«**, in denen Dornsträucher, Totholzstapel und Reisighaufen mit dichtem Brombeergestrüpp, mit Brennnesseln und Klettenlabkraut ein undurchdringliches Dickicht bilden. Viele Freibrüter unter den Vögeln finden dort sichere Brutmöglichkeiten. Spatzen gehören zugegebenermaßen nicht zu ihnen, sie profitieren aber gleichwohl von dem reichen Kleintierleben, das sich dort einstellt.

Falllaub sollte unter Büschen und Hecken unbedingt liegen bleiben, das Laub schützt den Boden vor Austrocknung, düngt nach seiner Zersetzung den Boden, und Igel sowie viele Vögel, auch Spatzen, suchen und finden in der Laubschicht Käfer, Spinnen, Asseln und andere Kleintiere. Lärmende Laubbläser und Laubhäcksler, die keinen Unterschied machen zwischen abgestorbenen Blättern und lebenden Tieren, sollten im Garten grundsätzlich tabu sein, denn wer will schon den Spatzen ihr Essen wegblasen oder wegsaugen ...? Auch totes und morsches Holz in jeder Form, sei es ein abgestorbener Baum, morsche Äste, Baumstümpfe oder liegendes Totholz, beherbergt ein reiches Kleintierleben und trägt somit zur Ernährung auch der Spatzen bei.

Möglichst groß dimensionierte **Asthaufen** oder **Reisigwälle** bieten den munteren Gesellen Schutz, wenn keine Hecken in der Nähe sind. Dazu verwendet man zum Beispiel Äste und Zweige aus der Heckenpflege oder vom Obstbaumschnitt. Besonders gut geeignet ist das mit Dornen bewehrte, sperrige Schnittgut von Weißdorn und Schlehe. Ein Reisighaufen ist im Prinzip schnell errichtet, wenn man das Material einfach locker auf einen Haufen wirft. Das sieht allerdings häufig gestalterisch unbefriedigend aus, man könnte auch sagen »müllig«. Den Spatzen ist das zwar egal, sie bevölkern ein solches Gebilde vielfach sofort mit Begeisterung und halten darin ihre Chorgesänge ab, aber besser und auch stabiler ist es, bei einem frei stehenden Totholzhaufen die dicken Enden der Äste und Zweige jeweils nach innen zu richten und die Stücke zu verkeilen. Die feineren Zweige ragen dann nach außen, und man sollte darauf achten, dass es einigermaßen gleichmäßig aussieht. Richtig aufgebaut, sollte ein solches Gebilde an ein Gebüsch im blattlosen Zustand erinnern. Wichtig ist, dass der Haufen innen noch genügend Freiräume für die Spatzen lässt.

Für den Aufbau eines Reisigwalls, der auch einen Zaun ersetzen kann, schichtet man das Schnittgut zwischen eine Reihe von jeweils versetzt stehenden Stützpfählen in gewünschter Breite. Anzuraten ist es auch hier, die Äste und Zweige gleichmäßig auszurichten, also die dicken Enden immer in eine Richtung, und miteinander zu verkeilen (was bei dornenlosem Schnittgut meist deutlich besser gelingt als bei bedorntem). Dadurch wird das Ganze stabiler und hält meist auch länger.

Reisighaufen wie Reisigwälle sacken durch Zersetzung des Holzschnitts mit der Zeit zusammen, deshalb muss man von Zeit zu Zeit von oben Material nachlegen. Besonders schön sieht es aus, wenn diese Gebilde mit Schlingpflanzen (siehe Seite 134) begrünt werden. Dafür sind besonders die robusten Geißblattarten geeignet, sowohl das Waldgeißblatt *(Lonicera periclymenum)* als auch das Echte Geißblatt oder Jelängerjelieber *(Lonicera caprifolium)*. Beide Arten sind einheimisch. Ihre starkwüchsigen, schlingenden Triebe finden in dem Astgewirr hervorragende Kletterhilfen, auch wenn sie in diesem Falle, ganz besonders bei den Reisigwällen, horizontal statt vertikal wachsen müssen. Wenn in der Nähe ein starker Strauch oder kleiner Baum steht, wird auch dieser vom Geißblatt erobert, was sehr reizvoll und zugleich urig aussehen kann. Falls man nach einiger Zeit neues Totholz nachlegen muss, ist das kein großes Problem für die Schlinger: Sie arbeiten sich vieltriebig von unten zum Licht. Geißblatt schmückt sich mit exotisch aussehenden Blüten, die nachts duften, um Nachtfalter anzulocken, vor allem die oft beeindruckend großen Schwärmer-Arten, die wie Kolibris im Schwirrflug vor den Blüten stehen. Solche begrünten, blühenden Haufen und Wälle sehen schön aus, sind bei Spatzen äußerst beliebt und bei ausreichender Dimensionierung eine echte Alternative, wenn der Platz für eine (frei wachsende) Hecke nicht ausreicht.

Wer aber ganz viel Platz und Material hat, kann auch eine modifizierte Benjeshecke anlegen: Dazu werden zwei parallele Reisigwälle im Abstand von etwa 60 Zentimetern (Innenmaß) angehäuft und von außen mit Brombeeren bepflanzt. In den Innenraum setzt man einheimische Wildsträucher wie Weißdorn oder Wildrosen. Daraus bildet sich bald eine dichte Hecke, die im Gegensatz zu einer reinen Pflanzhecke von Anfang an Deckung bietet. Damit die neu gepflanzten Sträucher nicht von Rehen oder Kaninchen verbissen werden, verschließt man nach der Pflanzung die Enden der Wälle ebenfalls mit Totholz. Das lässt jedes Spatzenherz höherschlagen!

Feldsperlinge lieben außerdem locker stehende, vor allem hochstämmige **Obstbäume**. Nach Möglichkeit sollte man bei einer Neupflanzung alte, regionaltypische Sorten wählen. Den Spatzen ist das zwar egal, aber es dient dem Erhalt der genetischen Vielfalt. Man muss nur aufpassen, dass ein Spatzenlebensraum nicht zu schattig sein oder werden darf.

Schließlich müssen die Vögel auch noch einen Platz finden für ein Staubbad und nach Möglichkeit auch ein »Planschbecken« mit Wasser. Um eine **Sandbadestelle** zu schaffen, bedarf es keines großen Aufwands: Ein paar Quadratmeter mit trockener, sandiger Erde, die keinen oder nur niedrigen, schütteren Pflanzenwuchs aufweisen, das Ganze am besten vor Regen geschützt unter einem Dachvorsprung – mehr brauchen die Spatzen nicht. Allenfalls kann man den Boden, falls nötig, von Zeit zu Zeit mit einer Harke etwas lockern, wenn man keine Hühner hält, die das mit ihren Scharrfüßen erledigen. Spatzen nutzen auch gerne den bearbeiteten Boden in einem Gemüsebeet.

Für **Badefreuden im Wasser** ist nicht unbedingt ein Gartenteich mit Flachwasserzone erforderlich. Man kann den Vögeln ebenso gut eine Vogeltränke als Ersatz anbieten. Es gibt solche Tränken, die auch zum Baden geeignet sind, fertig zu kaufen, doch eine Schüssel aus möglichst rauem Material mit flach ansteigendem Rand und einem aus dem Wasser ragenden, flachen Stein in der Mitte leistet hierfür ebenso gute Dienste. Tränken sollten regelmäßig gesäubert werden und das Wasser sollte erneuert werden, weil es durch eingetragenes Laub, Kot oder andere Verunreinigungen sonst leicht faulig wird. Wer will, kann auch eine künstliche Pfütze mit einer Abdichtung aus Teichfolie oder besser aus Lehm anlegen. Letzteres ist vor allem dort wichtig, wo auch Schwalben brüten. Sie finden dort feuchten Lehm als Baumaterial für ihre Nester (siehe Seite 88). Solche Pfützen können natürlich nicht wie eine Vogeltränke gereinigt werden. Wasser nachfüllen muss man in trockenen Perioden aber bei beiden. Vögel baden übrigens auch im Winter, solange sie offenes Wasser vorfinden. Und trinken müssen sie natürlich auch in der kalten Jahreszeit. Vor allem bei Kahlfrost, wenn alle Gewässer zugefroren sind und kein Schnee liegt, den sie aufnehmen könnten, sollte man ihnen daher stets ein Schüsselchen mit lauwarmem Wasser anbieten.

Ganz wichtig ist, dass man bei der Anlage von Tränken und Badestellen – gleich ob Wasserbad oder Sandbad – das ausgeprägte Sicherheitsbedürfnis der Spatzen berücksichtigt: Es sollte stets eine ausreichende Deckung, zum

Beispiel eine Hecke, ein Totholzwall oder auch dichtes Fassadengrün, in der Nähe sein, damit die Vögel bei Gefahr, etwa bei einem Sperberangriff, schnell dorthin flüchten können. Andererseits darf eine Badestelle nicht zu nah an einer Hecke oder Ähnlichem liegen, damit sich keine Katze unbemerkt bis auf Sprungweite anschleichen kann. Vier bis fünf Meter Abstand sollten genügen. Wasserschalen kann man auch auf einem etwa brusthohen, stabilen Pfosten befestigen, auch das bietet den Gefiederten einen gewissen Schutz vor den räuberischen Samtpfoten (siehe dazu auch Seite 162).

Zusätzliches Futter anbieten

Wie in den vorangegangenen Kapiteln dargestellt wurde, ist Nahrungsmangel einer der Hauptgründe für den erschreckenden Rückgang der Spatzen. Da liegt es nahe, den Vögeln zusätzlich zu den beschriebenen Maßnahmen gezielt Futter anzubieten, nicht nur im Winter, sondern möglichst das ganze Jahr hindurch.

Während die Wintervogelfütterung allgemein bekannt und überwiegend akzeptiert ist, hat die seit einigen Jahren von dem international renommierten Vogelforscher Prof. Peter Berthold propagierte Fütterung rund ums Jahr zu heftigen Diskussionen und Streit um Grundsatzfragen zwischen Befürwortern und Gegnern dieses Ansatzes geführt. Viele der häufig vorgebrachten Gegenargumente, etwa dass Vögel durch die Fütterung zu bequem würden, um selbst nach Nahrung zu suchen, oder ihren Jungen das falsche Futter zutragen würden, sind inzwischen durch Beobachtungen und Untersuchungen widerlegt. Bei ausreichendem natürlichen Nahrungsangebot sind Vögel selbst in harten Wintern nicht auf Zufütterung angewiesen. Es ist jedoch offensichtlich, dass unsere ausgeräumten Agrarlandschaften und auch die Mehrzahl unserer naturfern gestalteten Gärten und Parks kein ausreichendes Nahrungsangebot für die dort lebenden Vögel bieten – weder im Winter noch im Sommer. Ebenso klar ist, dass eine zusätzliche Fütterung allein kein Allheilmittel sein kann. Selbstverständlich muss es nach wie vor das Ziel sein, eine ökologisch orientierte Landwirtschaft zu betreiben, zerstörte Lebensräume soweit möglich wiederherzustellen und auch in Dorf und Stadt die Belange wild lebender Tiere und Pflanzen (wieder) deutlich stärker zu berücksichtigen als es momentan geschieht. Aber all das braucht Zeit – zu lange für einen hungrigen Vogel, darauf zu warten. Auch wenn man einzelne Aspekte der Ganzjahresfütterung, vor allem in Hinblick auf deren mitunter fragwürdige Sinnhaftigkeit für bestimmte Vogelarten, unterschiedlich beurteilen kann, muss man für die Protagonisten dieses Buches eines in aller Deutlichkeit feststellen: Spatzen brauchen Futter, keine Grundsatzdiskussion!

Gerade der Haussperling war und ist seit Jahrtausenden ein »Mitesser« des Menschen und durch diese Anpassung und seine ausgesprochene Sesshaftigkeit weitestgehend von dem Nahrungsangebot abhängig, das er in dessen unmittelbarer Nachbarschaft findet oder besser fand. Daher reagiert diese Vogelart häufig sehr positiv auf eine zusätzliche Fütterung. Verschiedene Untersuchungen belegen, dass zumindest kleinere, lokale Spatzenpopulationen dadurch wirkungsvoll gestützt werden und signifikant anwachsen können, die Anzahl der Individuen in der Kolonie also deutlich zunimmt. Ebenso kann es gelingen, sie durch gezielte Fütterung anzusiedeln, wenn die übrigen Lebensraumansprüche stimmen, die Vögel also insbesondere geeignete Nistplätze und ausreichend Deckung finden.

Die zusätzliche ganzjährige Fütterung hat mehrere positive Effekte: Die Spatzen kommen gut durch den Winter, wenn es sonst kaum Nahrung für sie gibt, und im Frühjahr sind die Altvögel in guter Kondition, sie legen mehr Eier von besserer Qualität, und es schlüpfen mehr Junge. Während der anstrengenden Zeit der Jungenaufzucht benötigen die Eltern deutlich weniger Zeit für ihre eigene Versorgung und können mehr Zeit investieren für die ihrer Jungen. Diese sind beim Ausfliegen ebenfalls fitter und haben daher größere Chancen zu überleben. Gerade in der Zeit nach dem Flüggewerden sterben viele der noch unerfahrenen Jungvögel an Nahrungsmangel, durch das Futterangebot kann die Sterblichkeitsrate in dieser Phase deutlich gesenkt werden. Alles in allem Gründe genug, die Spatzen ganzjährig mit Futter zu versorgen. Wer füttert, ob nur in der kalten Jahreszeit oder das ganze Jahr über, sollte das dann aber auch ganz regelmäßig tun, damit die Spatzen sich darauf verlassen können.

Haussperlinge nehmen jedes gängige Körnerfutter an, man kann auch Getreide ausstreuen oder Hühnerfutter (was Hühner mögen, mögen Spatzen auch), am besten vermischt mit »Waldvogelfutter« aus dem Handel oder auch Kanarienfutter, das einen hohen Anteil kleiner Samenkörner wie Hanf und Hirse enthält. Damit macht man dann auch den Feldsperlingen, die kleine Sämereien gegenüber großen Getreidekörnern bevorzugen, eine große Freude. Wichtig ist, qualitativ gutes Futter zu kaufen, zum Beispiel Sämereien aus biologischer Produktion. Man kann sich auch an den Empfehlungen von Naturschutzverbänden orientieren. Auch sollte man bei Körnerfutter und ganz besonders bei fetthaltigem Futter, zum Beispiel Meisenknödeln, auf das Verfallsdatum achten: Manchmal wird in Supermärkten oder Baumärkten überlagertes Futter vom vergangenen Jahr verkauft. Gänzlich ungeeignet sind Essensreste, vor allem gesalzene, stark gewürzte und verdorbene Lebensmittel. Zur Zeit der Jungenaufzucht ist es auch bei den Haussperlingen wichtig, kleine und relativ weiche Samen anzubieten, weil die Jungvögel ab einem gewissen Alter mit einem Brei von im elterlichen Kropf vorverdauten Sämereien gefüttert werden. Gut eignet sich hierfür spezielles Aufzuchtfutter für Waldvögel, Kanaris oder Sittiche. In den ersten Lebenstagen benötigen die Jungvögel allerdings eiweißreiche Insektenkost, die nicht immer ganz so leicht und vor allem preisgünstig bereitzustellen ist. Ideale Futtermittel für das Sommerhalbjahr sind daher Weichfuttermischungen mit hohem Insektenanteil, insektenreiche, fetthaltige »Energiekuchen« oder für größere Junge auch lebende Futtertiere wie die als Futter für viele Vögel bewährten Mehlwürmer, die Larven des Mehlkäfers. Untersuchungen aus England zeigten, dass eine ergänzende Fütterung mit Mehlwürmern den Bruterfolg (ausgeflogene Junge pro Brutversuch) um 55 Prozent steigerte. Ebenso gibt es getrocknete Insektenmischungen, die zum Beispiel in Tierheimen oder Wildvogelauffangstationen zur Aufzucht von Jungvögeln verwendet werden – man muss hier einfach ein bisschen ausprobieren.

Körnerfutter kann man im Prinzip einfach auf den (trockenen) Boden streuen, dann allerdings immer nur so viel, wie in kurzer Zeit gefressen wird, um keine Ratten anzulocken. Wenn es regnet, kann zu viel Futter auch rasch verderben. Probleme kann es in der Stadt mit Straßentauben geben: Sie fressen nicht nur in Windeseile alles auf, was eigentlich den Spatzen zugedacht war, obendrein riskiert man eventuell auch eine Anzeige, weil viele Stadtverwaltungen das Füttern der Stadttauben per Verordnung verboten haben, weil deren Kot Denkmäler und Fassaden verschmutzt.

Hier hilft ein sogenanntes Futtersilo, ein im Prinzip rundum geschlossener Behälter, der im unteren Bereich einen schmalen Schlitz oder an den Seiten kleine Öffnungen aufweist, durch die die Vögel mit dem Schnabel das Futter erreichen können. Große Arten wie Tauben können sich dort in der Regel nicht festhalten und allenfalls ein paar Körnchen auflesen, die zu Boden fallen. Ein solches Silo – hängend oder am Boden – hat im Vergleich zu einem herkömmlichen Vogelfutterhaus zwei weitere wichtige Vorteile: Die Vögel können nicht im Futter herumhüpfen und es mit ihrem Kot verschmutzen, und das Futter ist geschützt vor Feuchtigkeit. Auch lässt sich der Verbrauch gut kontrollieren.

Wer hingegen ein Vogelhaus betreibt, muss es regelmäßig mit heißem Wasser säubern, damit sich keine Krankheitserreger verbreiten können (was offenbar aber deutlich seltener der Fall ist als gemeinhin angenommen). Ohnehin sind

> **Die Spatzenhochzeit von Mohanpur**
> Im indischen Mohanpur haben Dorfbewohner ein Spatzenpaar nach hinduistischem Brauch mit einer großen, traditionellen Zeremonie symbolisch miteinander verheiratet. Die »Familie« der Spatzenbraut seien zwei Dorfschullehrer gewesen, zitierte die Tageszeitung »DIE WELT« (23.03.2015) einen entsprechenden Bericht der »Times of India«. Der »Bräutigam« sei zu Pferde mit großem Gefolge aus dem Nachbardorf gekommen. Tausende Menschen nahmen an der Feier teil, bei der getanzt, gesungen und gegessen wurde. Mit dieser ungewöhnlichen Aktion wollten sie auf den starken Rückgang der Spatzenpopulation in ihrer Region aufmerksam machen. Doch nicht nur das: Die Hochzeitsgäste legten einen Eid ab, von nun an auf ihren Hausdächern stets Wasser und Körner für die Spatzen der Umgebung bereitzustellen.

gerade Spatzen in dieser Hinsicht nicht zimperlich und auch nicht empfindlich, schließlich suchen sie, sofern sie dazu noch Gelegenheit haben, auch in Pferdeäpfeln und auf stinkenden Misthaufen nach Fressbarem. Aber gerade bei feuchtwarmen Bedingungen ist Hygiene grundsätzlich schon angebracht. Man kann sich viel Arbeit sparen, wenn man das Futterhaus mit einem passgenau zurechtgeschnittenen Bogen dicken Packpapiers auslegt und diese Unterlage regelmäßig wechselt. Aber für Körnerfutter ist ein Silo grundsätzlich eher zu empfehlen.

Die klassischen Meisenknödel, »diebstahlsicher« gegen Eichhörnchen, Elstern und Co. in einer speziellen Spirale angeboten, werden nicht nur im Winter, sondern auch im Sommer gerne angenommen, auch von Haussperlingen, die sich nach Meisenart sogar daran festkrallen können. Einfacher für die Spatzen ist es allerdings, wenn sie die fetthaltigen Knödel von einem benachbarten Ast aus erreichen können. Insektenmischungen oder gar lebende Insektenlarven bietet man am besten in einem Schälchen geschützt vor Regen, Feuchtigkeit und Wind an. Natürlich stellen sich bei einem solchen Angebot nicht nur Spatzen ein, sondern auch viele andere Vogelarten. Manche von ihnen haben teilweise andere Ansprüche an artgerechtes Futter, darauf soll im Zusammenhang dieses Buches, das sich speziell mit Spatzen beschäftigt, nicht weiter eingegangen werden. Informationen dazu wie auch zu weiteren Futtergeräten, etwa den leicht selbst herzustellenden Futterglocken, bieten gute Fachliteratur und erfahrene »Vogelfütterer«.

Was man sonst noch für Spatzen tun kann

Nistmaterial anbieten

Spatzen müssen oft weit fliegen, um geeignete Materialien wie Federchen oder Haare für die weiche Innenauskleidung der Nester zu finden. Geradezu begeistert sind sie daher, wenn man Daunenfedern aus einem alten, ausrangierten Federbett oder auch ausgekämmte Haarbüschel von Hunden, Schafen oder Pferden in einem Spender anbietet, den man aus feinmaschigem Drahtgeflecht leicht herstellen kann: Einfach einen Hohlraum formen, Federn und Haarbüschel einfüllen und oben verschließen. Gut sichtbar, aber vor Wind und Regen geschützt aufgehängt, werden sich bald Scharen von Spatzen und anderen Vögeln einstellen, um sich zu bedienen.

Schutz vor Feinden bieten

Spatzen haben viele natürliche Feinde. Sperber und in der Stadt auch Turmfalken holen sich ihren Anteil, auch Waldkauz und gelegentlich die Schleiereule. Unter normalen Umständen sind die Spatzen durch ihre hohe Vermehrungsrate gut daran angepasst, Verluste schnell auszugleichen. Um die Spatzen müssen wir uns deshalb in dieser Hinsicht nicht sorgen, sondern sollten uns an den eleganten Vogeljägern freuen, die genau das tun, was in ihrer Natur liegt. Dichtes, möglichst dorniges Gebüsch oder üppige Fassadenbegrünung bieten den Spatzen Deckung und Schutz.

Probleme können aber mancherorts Elstern bereiten, wenn sich manche Exemplare darauf spezialisieren, ganze Spatzenkolonien systematisch abzuernten. Normalerweise tun sie das nur während ihrer eigenen Brutzeit, wenn sie selbst einen hohen Bedarf an Eiweiß für die Eiproduktion und die Fütterung der Jungen haben. Da Spatzen meist dreimal pro Jahr und praktisch den ganzen Sommer über brüten, geht dann meistens nur das erste Gelege verloren. In Ausnahmefällen kann es dennoch Probleme mit einzelnen Elstern geben (die ansonsten auf die Kleinvogelwelt in der Stadt einen sehr viel geringeren Einfluss haben als gemeinhin angenommen). Dann kann man versuchen, die Nester durch Hauben aus weitmaschigem Draht zu schützen. Der Draht muss weit genug von den Nestöffnungen entfernt sein, damit die Elstern sie nicht mit ihren Schnäbeln erreichen, und so weitmaschig, dass die Spatzen noch hindurchpassen. Übrigens ist die Zahl der Elstern im Siedlungsbereich inzwischen

Dichtes Brombeergestrüpp bietet den Spatzen Schutz vor Feinden.

teilweise rückläufig, weil Rabenkrähen und Nebelkrähen als deren Konkurrenten und Feinde zunehmend in die Städte einwandern. Von diesen Vögeln haben Spatzen allerdings kaum etwas zu befürchten.

Probleme mit vierbeinigen Feinden wie Katzen, Mardern, Waschbären oder Eichhörnchen gibt es bei Haussperlingsnestern eher selten, weil diese häufig recht hoch errichtet werden. Marder sind allerdings in der Lage, auch senkrechte Wände zu erklimmen, wenn diese so rau sind, dass sich das Tier mit seinen scharfen Krallen daran festhalten kann. Dagegen lässt sich schwerlich etwas tun, es dürfte aber nur selten vorkommen. Man sollte aber darauf achten, dass keine Äste in die Nähe von Brutkästen ragen, denn dann kann der Marder diese im Sprung erreichen. Manchmal räumen auch Ratten Spatzennester aus, entweder klettern sie von außen hoch oder dringen von innen durch die Wand. Dagegen hilft wiederum ein Marder oder auch ein starker Kater als begeisterter Rattenfänger.

Größere Probleme kann es bei Nistkästen für Feldsperlinge und andere Höhlenbrüter geben, vor allem, wenn sie an einem Baum hängen. Eine Blechmanschette um den Stamm verhindert, dass Marder, Katzen oder Waschbären hinaufklettern können. Allerdings muss diese Manschette mindestens einen halben Meter breit sein und in einer Höhe von mindestens 1,80 Metern angebracht werden, damit die Tiere nicht vom Boden aus über die Manschette springen können. Vor allem Marder sind in dieser Hinsicht zu erstaunlichen Leistungen imstande. Schutz bieten auch stachelspitzige Abwehrmanschetten, die man in gleicher Weise um den Stamm legt. Wenn die Tiere allerdings von einem Nachbarbaum herüberspringen können, nützt das Abwehrbollwerk nichts. Die Nistkästen selbst sollten, wenn sich Übergriffe häufen, eine röhrenförmig vorgezogene Einflugöffnung haben, die verhindert, dass Marder und Co. mit ihren Pfoten die Jungen herausangeln können. Holzbetonnistkästen ohne einen solchen Schutz lassen sich mit einem halbrunden Gitter, das oberhalb des Fluglochs angebracht wird, nachrüsten.

Zu den ärgsten Feinden der Spatzen gehören unsere Schmusetiger, die Katzen, allein schon wegen ihrer großen Zahl. Zwar sind Spatzen sozusagen von Haus aus an die Samtpfoten gewöhnt, weil beide seit alters Begleiter des Menschen sind. Alte Spatzen lassen sich auch nicht so leicht übertölpeln, doch unerfahrene Jungvögel sind ein leichtes und häufiges Opfer. Auf jeden Fall sollten Futterstellen, Tränken und Badestellen so angelegt werden, dass Katzen sich nicht unbemerkt anschleichen können (siehe Seite 155). Auch stark bedornte Zweige, zum Beispiel von Schlehen oder Brombeeren, unter das Vogelhäuschen gelegt, verhindern, dass Katzen sich darunter setzen oder auf oder gar ins Vogelhaus springen (auch hier ist das geschlossene Silo eindeutig von Vorteil). Die Empfehlung, Katzen während der Brutzeit im Haus zu lassen, würde im Falle der Spatzen bedeuten, dass die Stubentiger die Stube von März bis Ende August nicht verlassen dürften. Dann sollte man sie lieber von vornherein ganz im Haus halten, denn eine Katze, die den regelmäßigen Freigang gewöhnt ist, wird eher die Inneneinrichtung zerlegen als auf ihre Jagdexkursionen verzichten. Glöckchenhalsbänder verhindern nicht, dass Katzen Nestlinge oder noch nicht voll flugfähige Jungvögel erbeuten. Besonders gefährlich für Vögel, kleinere Säuger und Eidechsen sind die halbwilden Streunerkatzen, die sich selbst versorgen müssen. Die Zahl der Verluste ist erschreckend hoch. Um einer unkontrollierten Vermehrung vorzubeugen, sollte man daher seine Katzen kastrieren beziehungsweise sterilisieren lassen.

Vogeltod an Glasflächen vorbeugen

An Glasscheiben oder gläsernen Wänden verunglücken deutschlandweit täglich Tausende Vögel, weil sie sie nicht als Hindernisse wahrnehmen können. Aufgeklebte Greifvogelsilhouetten sind, einzeln oder zu wenigen angebracht, leider so gut wie wirkungslos. Kleinvögel wie Spatzen sehen in ihnen keinen jagenden Falken oder Sperber, sondern bestenfalls ein Flughindernis. Die Form der Aufkleber ist also völlig egal, in jedem Fall sollten sie wegen des besseren Kontrasts nicht schwarz, sondern rot oder gelb sein und möglichst in größerer Anzahl nah beieinander außen angebracht werden. Um die Scheibe als Hindernis kenntlich zu machen, reicht es oft schon, eine Gardine oder einen Lamellenvorhang hinter der Scheibe anzubringen und üppiges Grün, etwa in Wintergärten, zu entfernen.

Schwieriger wird es, wenn sich Büsche und Bäume der Umgebung in der Scheibe spiegeln. Dann helfen herkömmliche Aufkleber nicht. Mittlerweile gibt es aber neuartige Produkte, deren Wirkung darauf beruht, dass Vögel UV-Licht gut wahrnehmen können. Transparente Aufkleber oder mit einem speziellen Stift, einem sogenannten Birdpen, von Hand aufgetragene Muster absorbieren die UV-Strahlung und werden vom Vogel als Hindernis wahrgenommen. Für den Menschen sind sie dagegen so gut wie unsichtbar. Entscheidend ist auch hier, dass die Markierungen engmaschig und außen aufgebracht werden. Es hilft mitunter auch, die Scheiben nicht so gründlich zu putzen, denn auch Staub absorbiert UV-Strahlung. Für große Fensterflächen, etwa bei Büroneubauten, wurden spezielle Glasscheiben entwickelt, die mit einer UV-absorbierenden Folie versehen sind.

Was tun mit einem verletzten oder kranken Spatz?

Einen kranken Vogel erkennt man oft daran, dass er apathisch herumsitzt, aufgeplustert ist und häufig die Augen halb geschlossen und den Schnabel etwas geöffnet hat. Der Kot kann schmierig oder flüssig sein, das Gefieder um den After verklebt. Ein einseitig hängender Flügel deutet auf eine Flügelverletzung hin, vielleicht einen Bruch oder eine Prellung. Fehlende Federn und blutverschmiertes Gefieder können Folgen eines Katzenangriffs sein. Die genaue Diagnose, besonders wenn keine äußeren Verletzungen sichtbar sind, kann nur ein Tierarzt stellen. Bitte doktern Sie nicht eigenmächtig an dem Vogel herum, sondern bringen Sie ihn schnellstmöglich zum Tierarzt, ins Tierheim oder zu einer anerkannten Pflegestation.

Ein Anflug an Fensterscheiben endet oft tödlich durch Genickbruch, wenn nicht, bleibt der Vogel häufig benommen auf der Erde liegen. In diesem Fall nimmt man ihn behutsam auf und setzt ihn in einen dunklen Karton mit Luftlöchern, den man an einen ruhigen, warmen Platz stellt, in der Hoffnung, dass sich der Vogel von alleine erholt. Ohne Schutz wäre er draußen ein leichtes Opfer von Beutegreifern. Bitte niemals den Karton im Zimmer öffnen, sondern draußen, denn wenn der Vogel wieder fit ist, wird er schnell davonfliegen. Auf keinen Fall dürfen Sie ihn in einen Käfig setzen, der Vogel könnte sich in Panik an den Stäben verletzen. Wenn er aus dem Schnabel blutet, hat er möglicherweise schwerwiegende innere Verletzungen erlitten und ist dann meist nicht mehr zu retten.

Kranke Vögel an Futterstellen könnten auf eine Salmonelleninfektion hinweisen. In diesem Fall sollten Sie die Fütterung sofort einstellen, das betroffene Futterhäuschen gründlich säubern und desinfizieren, und am besten nur noch geschlossene Futtersilos verwenden. Allgemein sollten Sie beim Umgang mit kranken Vögeln grundlegende Hygienemaßnahmen beachten, zum Beispiel Gummihandschuhe anziehen und gründlich Hände waschen. Abschließend noch ein ganz kurzes Wort zur Vogelgrippe: Von Spatzen und Co. geht in der Regel keine Gefahr für den Menschen aus.

Was tun mit scheinbar oder tatsächlich verlassenen Jungspatzen?

Jedes Jahr werden Tausende scheinbar verlassene, durchdringend piepsende Jungvögel eingesammelt, vielfach Amseln, aber auch Spatzenkinder. Auch wenn sie kurz nach dem Ausfliegen noch unbeholfen und hilflos wirken – die wichtigste Maßnahme ist fast immer die, **nicht** einzugreifen. Denn nur in den seltensten Fällen sind diese Vögel tatsächlich verwaist. Normalerweise stehen sie mit ihren Eltern in ständigem Rufkontakt. Diese wissen so stets genau, wo ihr Nachwuchs sitzt, und füttern ihn regelmäßig. Lassen Sie so einen kleinen Schreihals also bitte in Ruhe. Nur wenn unmittelbare Gefahr droht oder der Jungvogel auf einem belebten Bürgersteig oder einer Straße landet, setzt man ihn behutsam an einen geschützten, möglichst erhöhten Platz in der Nähe. Jungvögel kann man ohne Weiteres mit bloßen Händen anfassen, denn anders als bei Rehen oder Hasen stören sich die Elterntiere nicht am menschlichen Geruch. Für den Fall, dass Kinder aus falsch verstandener Tierliebe einen jungen Spatzen mit nach Hause bringen, kann man ihn auch noch Stunden später wieder an den Fundort zurückbringen. Die potenzielle Gefahr durch Katzen ist kein Grund, einen gesunden Jungvogel vorsorglich mit nach Hause zu nehmen, das verbietet auch das Naturschutzgesetz.

Nur wenn ein Jungvogel erkennbar krank oder verletzt ist oder auch nach Stunden intensiver Beobachtung nicht gefüttert wird, benötigt er Hilfe. Solche Findelkinder bringt man am besten nach vorheriger telefonischer Kontaktaufnahme unverzüglich zu einer entsprechenden Pflegestation oder sonstigen fachkundigen Personen. Denn die Aufzucht erfordert sehr viel Erfahrung, intensive Betreuung fast rund um die Uhr sowie artgerechtes Futter. Unsachgemäße Pflege, zu lange Fütterungsintervalle und falsches Futter führen oft zu Krankheiten, Wachstumsstörungen oder gar zum Tode der Pfleglinge. Sie müssen außerdem systematisch an ein selbstständiges Leben in Freiheit gewöhnt werden, anderenfalls haben sie in der Natur keine Überlebenschance. Das ist gerade bei Spatzen oft schwierig: Vögel, die nestjung in menschliche Obhut gelangen, schließen sich sehr häufig ungewöhnlich eng an die menschliche Bezugsperson an. Die starke Prägung lässt eine Auswilderung meistens scheitern, und einen Spatzen dauerhaft als Hausgenossen zu halten, mag zwar niedlich und reizvoll sein, kann aber nicht Sinn und Zweck der Pflege sein und verstößt überdies gegen geltendes Artenschutzrecht. Der Findling sollte also schnellstmöglich in fachkundige Hände gelangen. Adressen spezieller Pflegestationen oder fachkundiger, ehrenamtlich tätiger Privatpersonen erfahren Sie über Tierheime oder Vogelschutzvereine.

Zum Transport eignet sich ein Pappkarton mit Luftlöchern im Deckel. Als Unterlage nehmen Sie am besten Küchenpapier, auf keinen Fall Holzwolle, Watte oder grobmaschige Textilien, da sich die Vögel darin verheddern oder gar strangulieren könnten. Unterkühlte Vögel setzt man als Sofortmaßnahme an einem ruhigen, zugfreien Platz unter eine Wärmelampe, am besten eine Infrarotlampe, die Temperatur um den Vogel sollte bei 35 bis 37 Grad Celsius liegen. Sie können tröpfchenweise Wasser aus einer Pipette anbieten, vielleicht auch ein paar kleine Insekten – im Zweifelsfalle gilt aber der Grundsatz: Besser gar nicht füttern als die falsche Nahrung geben, die er unter Umständen nicht verträgt. Auch stellen Fütterungsversuche durch ungeübte Personen für alle Beteiligten eine Stresssituation dar. In der Vogelpflegestation wird der Findling artgerecht versorgt.

Noch nackte, sehr kleine Jungvögel, die man am Boden findet, wurden häufig von den eigenen Eltern aus dem Nest geworfen, weil sie krank oder schwach waren. Sie haben meistens keine Überlebenschance.

Mehr Platz für den Spatz!

Spätestens seit Anfang der 1980er-Jahre zeichnete sich ein deutlicher Rückgang der Spatzenpopulationen ab (siehe Seite 106), doch erst um die Jahrtausendwende begannen Wissenschaftler und Naturschutzverbände verstärkt darauf zu reagieren. Eine Initialzündung war seinerzeit die Wahl des Haussperlings zum »Vogel des Jahres 2002« durch den Naturschutzbund Deutschland (NABU) und seine bayerische Schwesterorganisation, den Landesbund für Vogelschutz (LBV). Der Spatz stand auch als eine Leitart für die zeitgleich ins Leben gerufene Siedlungskampagne des NABU unter dem Motto »Nachbar Natur. Ökologische Konzepte für Städte und Dörfer«. Erstmals setzten sich im Zuge der Jahresvogelkampagne auch Naturschutzgruppen vor Ort mit dieser Problematik auseinander – für viele ungewohnt, standen doch bis dahin eher bedrohte Lebensräume außerhalb des Siedlungsraumes sowie seltene und attraktive »Flaggschiffarten« des Vogelschutzes wie Weißstorch, Uhu, Kranich oder Rotmilan im Fokus der Schutzbemühungen. Aber ausgerechnet der vermeintlich allgegenwärtige, gewöhnliche Spatz?

Nach anfänglicher Skepsis entpuppte sich die Wahl des Haussperlings zum Jahresvogel als Glücksfall, bot sie doch eine perfekte Gelegenheit, breite Bevölkerungsschichten auf die vielfach prekäre Situation und die Bedürfnisse eines allgemein bekannten Vogels hinzuweisen und darüber hinaus für spezielle Artenschutzmaßnahmen und insgesamt für mehr Natur in Dorf und Stadt zu werben. Der NABU-Landesverband Hamburg etwa gab eine Aktionsmappe mit dem Titel »Mach' Platz für'n Spatz!« heraus. Neben allgemeinen Informationen über den Haussperling informierte ein Handzettel kurz und bündig über geeignete Maßnahmen, selbst etwas zum Schutz und zur Unterstützung zu tun (»Spatz in Not – wie kann ich helfen?«), außerdem gab es eine Postkarte mit einem Spatzenfoto, einen eigens entwickelten Aufkleber sowie einen Spatzen-Bastelbogen für Kinder. In einem Faltblatt wurde die Bevölkerung aufgerufen, dem NABU Spatzen-Vorkommen als Grundlage für mögliche Schutzmaßnahmen bei anstehenden Baumaßnahmen zu melden. Ebenso warb der NABU in Zusammenarbeit mit der »Hamburger Morgenpost« darum, besonders interessante, originelle oder kuriose Beobachtungen, Erlebnisse oder Anekdoten rund um den Spatz einzuschicken, um die besten davon abzudrucken. Den Gewinnern winkten wertvolle Preise. Als Schirmherrin für diese Aktion konnte die bekannte Moderatorin und Autorin Alida Gundlach gewonnen werden, die zudem ein eigenes Kinderbuch präsentierte, in dem der Spatz »Knuff« tolle Abenteuer erlebt. Besonders nachgefragt bei der Bevölkerung in und um Hamburg war das passend zum Start der Spatzenkampagne als Neuheit präsentierte Spatzenreihenhaus (»Spatzenhotel«) mit drei Nistboxen pro Kasten (siehe Seite 124), dessen Konstruktion auf den langjährigen praktischen Erfahrungen eines Hamburger Vogelschützers beruht.

Auch die Deutsche Wildtier Stiftung mit Hauptsitz in Hamburg kümmert sich intensiv um Haussperlinge: Gemeinsam mit dem NABU veranstaltete sie 2002 in Berlin ein Symposium mit internationaler Beteiligung zur Situation des Haussperlings. Seit Anfang der 2000er-Jahre forcierte und förderte die Stiftung Untersuchungen zu speziellen Aspekten von Biologie und Verhalten dieser Art, etwa zu Ernährung und Bruterfolg in unterschiedlichen Lebensräumen oder zur Nistplatzwahl. Dies führte unter anderem zur Entwicklung eines speziellen Nistkastens, der von einigen Behinderten-Werkstätten exklusiv für die Deutsche Wildtier Stiftung aus nachhaltig produziertem Holz hergestellt wird und bei dieser komplett oder als Bausatz bezogen werden kann (siehe Seite 185 und Seite 186).

Ab 2007 startete die Stiftung die Kampagne »Rettet den Spatz«, die bis heute bundesweit sehr erfolgreich Kinder an Grundschulen und Kindertagesstätten durch ein besonderes naturpädagogisches Angebot zu »Spatzen-Rettern« macht: Dazu wurde die sogenannte »Janosch-Spatzenkiste« entwickelt. Der bekannte Kinderbuchautor und Illustrator Janosch, geistiger Vater der »Tigerente« und bekennender Spatzenfan, unterstützt das Projekt und zeichnete eigens für die Kampagne in seinem unverwechselbaren Stil einen kleinen, liebenswerten Spatzen als Maskottchen. Diese »Spatzenkiste« ist als »Vogel-Erlebniskiste« konzipiert und eine wahre Schatztruhe mit einer Fülle von Materialien, mit der die Kinder die Welt der Spatzen und anderer Vögel sinnlich erleben und entdecken können. Sie enthält mehr als 60 Einzelteile, darunter verschiedene Bastelmaterialien, ein echtes Spatzennest, Spatzenfedern und nachgebildete Spatzeneier, Ferngläser und Vogelbestimmungsbücher, eine Vogelstimmen-CD und vieles mehr, was neugierige Kinder zu kleinen Vogelforschern macht. Mithilfe einer Spatzen-Pfeife kann man ihr Tschilpen nachahmen und vielleicht sogar auf eine Antwort hoffen. Die »Brotbox für eine Spatzenmahlzeit« zeigt, was der kleine Vogel gerne isst, und mit Becherlupen lassen sich kleine Insekten genau beobachten, mit denen die Spatzeneltern ihre Jungen füttern. Eine Tüte mit Samen beliebter Spatzen-Futterpflanzen zur Aussaat im Schulbeet oder auf dem Gelände der Kindertagesstätte gibt es außerdem dazu. Nicht zu vergessen eine niedliche Spatzen-Handpuppe, die vor allem kleinere Kinder sofort ins Herz schließen dürften. Ein ausführliches, gut durchdachtes Handbuch für Erzieher und Pädagogen enthält nicht nur kindgerecht aufbereitete Hintergrundinformationen zum Spatz und zu Vögeln allgemein, sondern gibt auch eine Fülle von Anregungen, wie die einzelnen Materialien für fächerübergreifendes Lernen eingesetzt werden können. Dazu kommen Anleitungen für sachbezogene Spiele, Spatzenlieder mit Noten, Spatzengedichte, Geschichten und anderes mehr. Das Handbuch bietet zudem viele praktische Tipps, wie man gemeinsam mit den Kindern den Spatzen und anderen Vögeln helfen kann, zum Beispiel durch das Aufhängen von Nistkästen und die spatzenfreundliche Gestaltung ihres Schulhofs oder Kita-Gartens. Die Spatzenkiste kann von Grundschulen und Kindertagesstätten bei der Deutschen Wildtier Stiftung gegen eine geringe Gebühr für jeweils sechs Wochen ausgeliehen werden (Adresse siehe Seite 186).

Gerade der Spatz eignet sich hervorragend für die Naturbildungsarbeit, denn einerseits ist er bei Kindern durch seine freche Art und sein Auftreten in Gruppen bekannt und beliebt. Andererseits lernen sie, dass und warum er bedroht ist und Schutz und Unterstützung braucht.

Ein weiteres Element der Kampagne »Rettet den Spatz« sind daher bundesweite »Spatzen-Retter-Aktionen«: Dabei verschenkt die Deutsche Wildtier Stiftung in verschiedenen Städten und Kreisen mithilfe verschiedener Sponsoren, zum Beispiel ortsansässiger Firmen oder regionaler Stiftungen, jeweils ein Spatzenreihenhaus an alle interessierten Grundschulen. Die Aktion startete zunächst in Hamburg unter dem Motto »Hamburg rettet den Spatz«, wo alle Grundschulen und Kitas – damals 1068 – kostenlos ein Spatzenreihenhaus erhielten. Zudem folgten zahlreiche Menschen dem Aufruf, durch das Angebot von Nisthilfen mehr Platz für den Spatz zu schaffen. In der Folgezeit weiteten die Organisatoren die »Spatzen-Retter-Aktionen« auf das gesamte Bundesgebiet aus: Allein in den Jahren 2014 und 2015 wurden auf diese Weise knapp 1000 Nisthilfen für Spatzen an Schulen in Hannover, Braunschweig, Dortmund, Köln und Bonn sowie im Rhein-Sieg-Kreis und im schleswig-holsteinischen Kreis Herzogtum Lauenburg gespendet und damit Tausende von Kindern für die Wohnungsnot des Haussperlings sensibilisiert. Schirmherren der »Spatzen-Retter-Aktionen« waren zumeist die jeweiligen Oberbürgermeister oder Landräte. Zusätzlich unterstützt eine Reihe von Prominenten die Kampagne als Spatzenbotschafter.

Gemäß dem Motto »Mehr Platz für den Spatz« trägt diese beispielhafte Kampagne dazu bei, die Wohnungsnot der Spatzen zu lindern. Gleichzeitig dient sie auch einem der wichtigsten Ziele der Deutschen Wildtier Stiftung, den

Naturschutzgedanken in die breite Bevölkerung zu tragen und vor allem der zunehmenden Naturentfremdung von Kindern nachhaltig entgegenzuwirken. Denn nur, was man kennt und schätzt, wird man später auch schützen. Dass dieses Bestreben, Kindern ein besseres Naturverständnis zu vermitteln, bitter nötig ist, zeigen die Ergebnisse zweier Studien an Schulkindern unterschiedlichen Alters, denen Bilder verschiedener Vögel und anderer Tiere vorgelegt wurden: Viele erkannten den Spatz nicht mehr!

Schon allein das spricht dafür, den eigenen Garten naturnah zu gestalten und zu pflegen, um möglichst viele Vogelarten anzulocken.

Eine gute Gelegenheit, sich zumindest für eine gewisse Zeit eingehender mit seinen gefiederten Nachbarn in Garten und Park zu beschäftigen, sind bundesweite Zählaktionen, an denen sich auch ornithologisch interessierte Laien beteiligen können: Jedes Jahr im Januar organisiert der Naturschutzbund Deutschland die »Stunde der Wintervögel« und im Mai die »Stunde der Gartenvögel« – dabei wird auch offenbar, wie es um den Bestand der Spatzen in der Umgebung bestellt ist. Falls es weniger geworden sind, ist es höchste Zeit, ihnen zu helfen. Sonst werden wir vielleicht eines Tages Haussperlinge nur noch im Zoo erleben können – eine Schreckensvision, die angesichts des dramatisch schnellen und starken Bestandseinbruchs in weiten Teilen Deutschlands nicht ganz so abwegig ist, wie sie momentan noch erscheinen mag. Wäre es nicht schön, wenn das fröhliche Tschilpen der gar nicht mehr so unverwüstlichen Gesellen auch für unsere Kinder und Enkel noch (oder wieder!) zum Alltag gehören würde? Ist es nicht bedrückend, dass wir uns inzwischen ernste Sorgen machen müssen um einen einstigen Allerweltsvogel, der sich so eng wie kein anderer dem Menschen angeschlossen hat? Wie steht es angesichts dessen um unsere eigene Lebensqualität? Darum – werden auch Sie zum »Spatzenretter« und schaffen Sie mehr Platz für den Spatz!

Der Spatz

Ich bin ein armer Schreiber nur,
hab' weder Haus noch Acker,
doch freut mich jede Kreatur,
sogar der Spatz, der Racker.

Er baut von Federn, Haar und Stroh
sein Nest geschwind und flüchtig.
Er denkt, die Sache geht schon so,
die Schönheit ist nicht wichtig.

Wenn man den Hühnern Futter streut,
gleich mengt er sich dazwischen,
um schlau und voller Rührigkeit
sein Körnlein zu erwischen.

Maikäfer liebt er ungemein,
er weiß sie zu behandeln.
Er hackt die Flügel, zwackt das Bein
und knackt sie auf wie Mandeln.

Im Kirschenbaum frisst er verschmitzt
das Fleisch der Beeren gerne.
Dann hat, wer diesen Baum besitzt,
nachher die schönsten Kerne.

Es fällt ein Schuss. Der Spatz entfleucht
und ordnet sein Gefieder.
Für heute bleibt er weg vielleicht,
doch morgen kommt er wieder.

Und ist es Winterzeit und hat's
geschneit auf alle Dächer,
verhungern tut kein rechter Spatz,
er kennt im Dach die Löcher.

Ich rief: »Spatz, komm, ich füttre dich!«
Er fasst mich scharf ins Auge.
Er scheint zu glauben, dass auch ich
im Grunde nicht viel tauge.

Wilhelm Busch

Bauanleitungen

Nistkästen für Spatzen und andere Vögel können Sie entweder fertig kaufen (siehe ab Seite 186) oder mit ein wenig Geschick aus solidem Holz leicht selbst bauen. Sägeraues Fichtenholz (oder anderes Nadelholz) ist hierfür am besten geeignet und vielfach bewährt. Ungeeignet sind Sperrholz und Pressspanplatten, denn sie sind wenig haltbar und verziehen sich leicht. Ebenfalls ungeeignet sind nicht atmungsaktive Materialien wie Kunststoffe oder Blech, in ihnen kommt es zur Bildung von Kondenswasser und zur Schimmelbildung. Styropor ist zwar atmungsaktiv, aber die Vögel picken daran herum und könnten auf diese Weise Styroporkrümel aufnehmen, was ihrer Gesundheit schadet.

Die Wandstärke der verwendeten Bretter sollte etwa 2 cm betragen. Die späteren Innenseiten des Kastens dürfen nicht gehobelt werden, sondern müssen rau sein, damit insbesondere die Jungvögel sich daran festkrallen können, um zum Einflugloch zu gelangen. Giftige Holzschutzmittel sind tabu, allenfalls können Sie die Außenseiten mit umweltfreundlichen Mitteln imprägnieren. Bei ungeschützt der Witterung ausgesetzten Nistkästen sollte das dem Regen besonders ausgesetzte Dach nach vorn geneigt sein, damit Regenwasser ablaufen kann, und eventuell zusätzlich mit Dachpappe geschützt werden.

Weitere, teilweise leicht modifizierte Bauanleitungen finden Sie zum Beispiel in der NABU-Broschüre »Wohnen nach Maß« oder im Buch »Einfach selber bauen« von Klaus Richarz und Martin Hormann (siehe Seite 183) sowie im Internet, zum Beispiel unter:

- www.stadtentwicklung.berlin.de/natur_gruen/naturschutz/artenschutz/download/freiland/tiere_als_nachbarn.pdf

oder:

- www.nabu.de/tiere-und-pflanzen/voegel/helfen/nistkaesten/

Nisthöhle für Feldsperlinge (auch Haussperlinge) und andere Höhlenbrüter (= Höhlenbrüter-Kasten)

Für **Haussperlinge** besser einen Fluglochdurchmesser von 3,5 cm wählen oder ein hochovales Fluglochs von 3 × 4,5 cm Größe gestalten! Die Präferenzen scheinen regional unterschiedlich zu sein. (siehe auch Anmerkung beim Spatzenreihenhaus Seite 179).

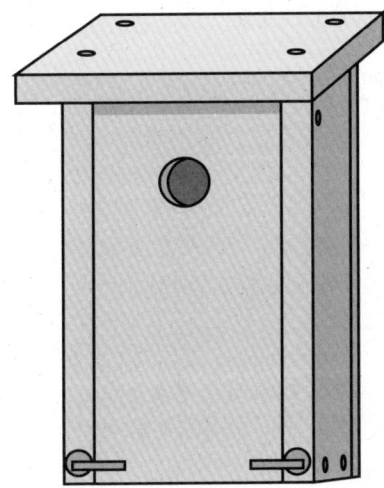

Holz-Einzelteile und Maße für die Nisthöhle
Jeweils sägeraue, unbehandelte Nadelholzbretter mit einer Brettstärke von 2 cm:
- 1 Dachplatte: 19 cm × 25 cm
- 1 Bodenbrett: 12 cm × 13 cm
- 1 Rückwand: 16 cm × 28,5 cm
  (obere Breite um 0,5 cm auf 28 cm Höhe abschrägen)
- 1 Vorderwand (Fluglochwand): 11,8 cm × 26 cm
  (obere Breite um 0,5 cm auf 25,5 cm Höhe abschrägen; die Vorderwand kann mit einer Minustoleranz von 0,2 cm zugeschnitten werden, damit man sie auch bei feuchtem, gequollenem Holz zum Reinigen des Kastens herausnehmen kann [ohne Minustoleranz: 12 cm breit])
- 2 Seitenwände: Breite 15 cm, Höhe 26 cm (vorne) / 28 cm (hinten)
- Fluglochdurchmesser: 2,6 cm oder 3,2 – 3,4 cm

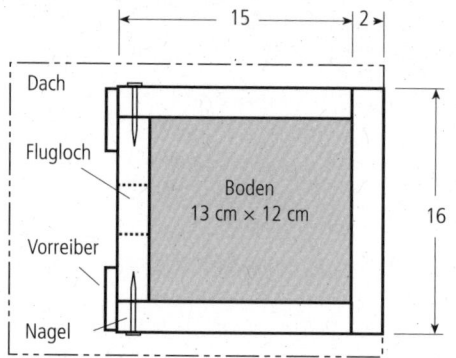

Aufsicht

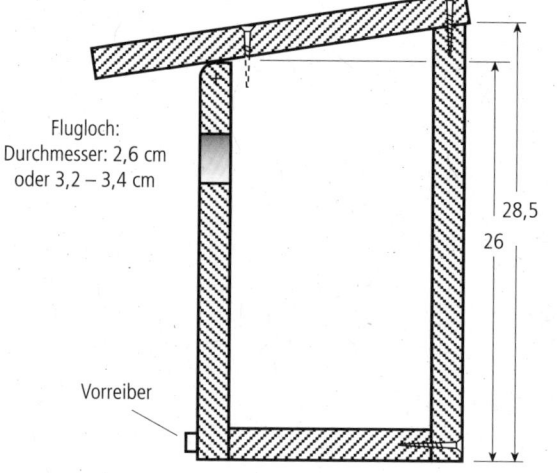

Querschnitt

So wird die Nisthöhle zusammengebaut
- Schrauben Sie die Seitenwände an die Rückwand und setzen dann das Bodenbrett dazwischen.
- Bringen Sie geeignete Aufhängeösen an der Rückwand an.
- Fixieren Sie die Vorderwand, indem Sie beidseitig oben jeweils einen Nagel oder eine Schraube durch die Seitenwände in die Seiten der Vorderwand treiben. So lässt sich die Vorderwand für die spätere Reinigung nach vorne hochklappen.
- Befestigen Sie im unteren Bereich der Seitenwände jeweils einen Schraubhaken (»Wiener Vorreiber« / »Vorreiber«). Damit wird die Vorderwand gesichert.
  Zum Öffnen der Wand die Haken einfach nach oben drehen.
- Setzen Sie das Dach auf und verschrauben Sie es.

Halbhöhle für Haussperlinge und andere Halbhöhlenbrüter
(= Nischenbrüter-Kasten / Halbhöhlenbrüter-Kasten)

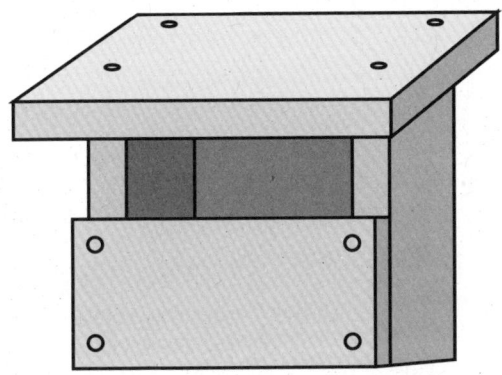

Holz-Einzelteile und Maße für die Halbhöhle
Jeweils sägeraue, unbehandelte Nadelholzbretter mit einer Brettstärke von 2 cm:
- 1 Dachplatte: 20 cm × 22 cm
- 1 Bodenbrett: 12 cm × 12 cm
- 1 Rückwand: 12 cm × 17 cm
  (obere Breite um 0,5 cm auf 16,5 cm Höhe abschrägen)
- 1 Vorderwand: 16 cm × 8 cm
- 2 Seitenwände: Breite 14 cm, Höhe 14 cm (vorne) / 17 cm (hinten)

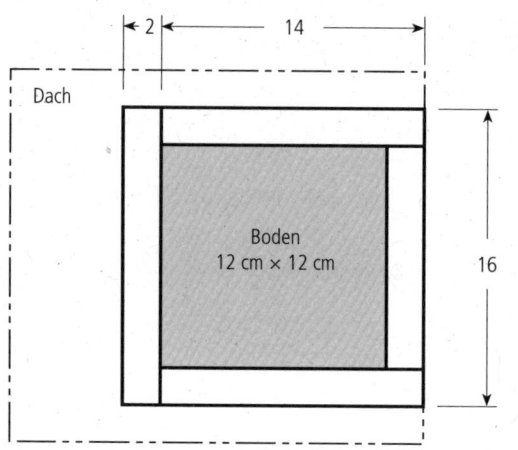

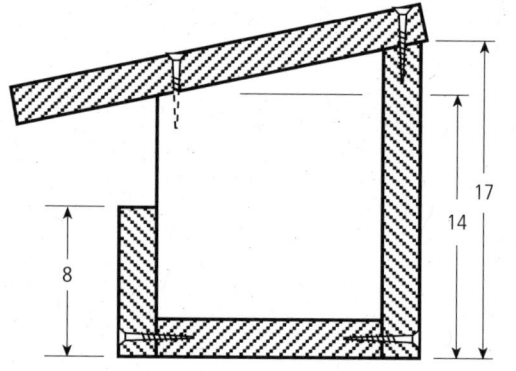

So wird die Halbhöhle zusammengebaut
Der Zusammenbau der Halbhöhle entspricht in der Reihenfolge der Arbeitsschritte dem Bau der Nisthöhle (siehe Seite 174).

Spatzenreihenhaus oder Spatzenhotel

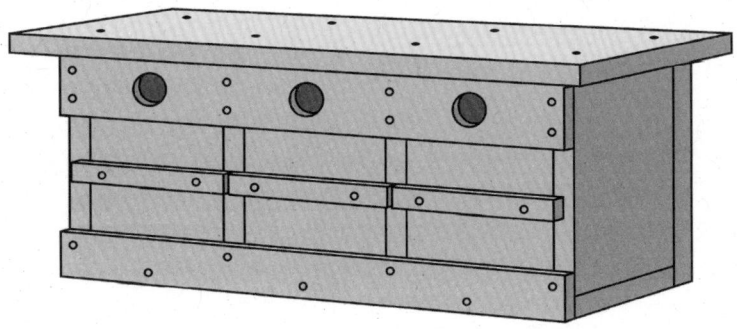

Holz-Einzelteile und Maße für das Spatzenreihenhaus

Jeweils sägeraue, unbehandelte Nadelholzbretter mit einer Brettstärke von 2 cm (für Frontleiste, Halteleisten und Balken: 1 cm Stärke):

- 1 Dachplatte: 18 cm × 50 cm
- 1 Bodenbrett: 12 cm × 44 cm. In das Bodenbrett werden für jede der drei Kammern je zwei Belüftungslöcher von 0,5 cm Durchmesser gebohrt.
- 1 Rückwand: 19 cm × 44 cm
- 2 Seitenwände: 17 cm × 12 cm
- 2 Zwischenwände: 17 cm × 12 cm
- 3 Vorderwände (Reinigungstüren): 13,5 cm × 11,8 cm
  (Die Vorderwände können mit einer Minustoleranz von 0,2 cm zugeschnitten werden, damit man sie auch bei feuchtem, gequollenem Holz zum Reinigen des Kastens herausnehmen kann [ohne Minustoleranz: 12 cm breit].)
- 1 Frontleiste: 4 cm × 44 cm × 1 cm (Dicke)
- 3 Halteleisten: 14 cm × 2 cm × 1 cm (Dicke)
- 1 Flugloch-Balken mit 3 Fluglöchern: 5,5 cm × 44 cm × 1 cm (Dicke).
  Der Balken bietet den Spatzen über die drei Fluglöcher, die wir in ihn schneiden, Zugang zu ihren drei Apartments und hält die drei Vorderwände (Reinigungstüren) an Ort und Stelle.

Aufsicht

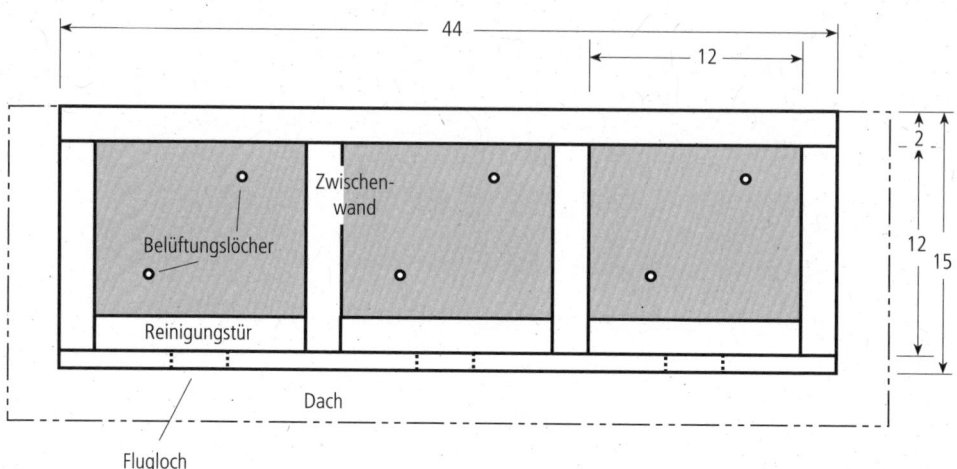

Querschnitt

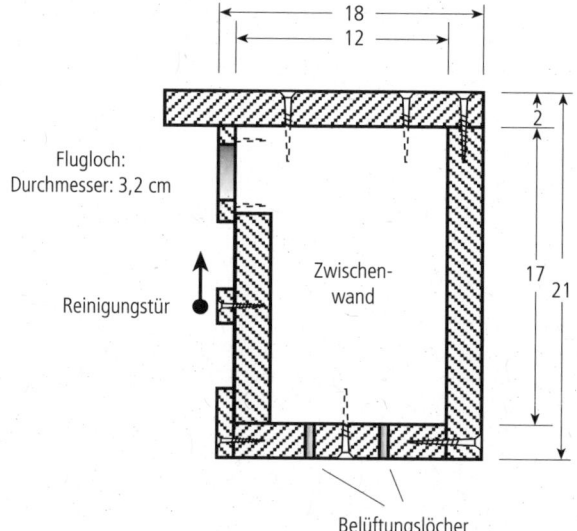

So wird das Spatzenreihenhaus zusammengebaut

- Schrauben Sie Rückwand und Bodenbrett (Belüftungslöcher nicht vergessen!) aneinander.
- Setzen Sie die Seitenwände auf und fixieren Sie die Zwischenwände der Kammern in gleich großen Abständen.
- Schrauben Sie die Frontleiste an.
- Verbinden Sie den Fluglochbalken mit den drei zu bohrenden Einfluglöchern (jeweils 3,2 – 3,5 cm Durchmesser) bündig mit den Oberkanten der Seitenwände. (Oder: Einfluglöch hochoval 3 × 4,5 cm, in diesem Fall muss der Balken entsprechend breiter sein!) Anmerkung: Aus bisher unbekannten Gründen bevorzugen Haussperlinge in bestimmten Regionen größere, hochovale Öffnungen, in anderen dagegen kleinere Einfluglöcher mit einem Durchmesser von 3,2 cm. Wird ein Spatzenreihenhaus nicht angenommen, kann es sinnvoll sein, eine Variante mit anders dimensionierten Löchern anzubieten; hierfür braucht man nur den Fluglochbalken auszutauschen. Fa. Schwegler hat für ihr Spatzenreihenhaus mit hochovalen Einflugöffnungen aus diesem Grund extra eine Ersatzvorderwand mit Einflugöffnungen mit 3,2 cm Durchmesser entwickelt.
- Setzen Sie das Dach auf und verschrauben Sie es.
- Bringen Sie die Halteleisten an den Vorderwänden an. So können Sie diese zum Öffnen und Reinigen der Kammern leicht herausnehmen.
- Setzen Sie die Vorderwände vor die drei Nistkammern.
- Denken Sie auch daran, geeignete Ösen für die Aufhängung anzubringen, zum Beispiel an der Rückwand. Da die Aufhängung je nach Örtlichkeit und Fassadenmaterial variieren kann, sollten Sie sich bereits vor dem Zusammenbau entsprechende Gedanken machen und die Fixierung entsprechender Haltevorrichtungen in handwerklich sinnvoller Weise in den Nistkastenbau integrieren. Beachten Sie bei der Auswahl der Ösen, Schrauben und Dübel unbedingt das spätere Gewicht des Spatzenreihenhauses!

Als eine **Variante** können Sie auch die Einfluglöcher zu den beiden außen gelegenen Brutkammern in den oberen Bereich der Seitenwände bohren und den Fluglochbalken entsprechend mit nur einem mittigen Einfluglöch versehen.

Der Autor

Dr. Uwe Westphal (Jahrgang 1957) ist Diplom-Biologe und beschäftigt sich seit seinem elften Lebensjahr intensiv mit der heimischen Vogelwelt. Nach langjähriger hauptamtlicher Tätigkeit im Naturschutz und einer anschließenden Ausbildung zum Fachzeitschriftenredakteur lebt und arbeitet er heute als freier Publizist, Exkursions- und Seminarleiter in der Nähe von Hamburg. Er ist Autor und Coautor mehrerer Bücher und Audio-CDs und verfasste zahlreiche populärwissenschaftliche Artikel insbesondere über heimische Vögel, Natur und Garten. Uwe Westphal gründete und leitete die Fachgruppe Ornithologie im Naturschutzbund Deutschland, Landesverband Hamburg, und ist seit vielen Jahren ehrenamtlicher Mitarbeiter im Arbeitskreis an der Staatlichen Vogelschutzwarte Hamburg. Hier beteiligt er sich an ornithologischen Bestandserfassungen (Brutvogelmonitoring, Wintervogelzählung, Atlaskartierungen) und war 20 Jahre lang Mitglied im Redaktionsteam der Fachpublikation »Hamburger avifaunistische Beiträge«. Seit 1978 begeistert er Menschen auf zahlreichen vogelkundlichen und allgemein naturkundlichen Wanderungen und Seminaren für die Natur und speziell die Vogelwelt, vorrangig im Raum Hamburg und im Biosphärenreservat Schaalsee. Einem breiten Publikum ist Uwe Westphal durch zahlreiche Auftritte bei Veranstaltungen, in Hörfunk und Fernsehen als Vogelstimmen-Imitator bekannt, der auch die Lautäußerungen vieler anderer Tierarten beherrscht. Sein bisher schönstes Kompliment:

»Bei Ihnen ist die Seele der Vögel mit dabei.«

Weitere Informationen:
www.westphal-naturerleben.de
www.westphal-textdienst.de

Der Maler

Christopher Schmidt (Jahrgang 1965) malt seit seiner frühesten Kindheit nahezu täglich all das, was ihm in der Natur begegnet. Auf diese Weise hat er unzählige Skizzenbücher gefüllt, die seine Reisen in verschiedene Regionen der Erde dokumentieren. Zusätzlich hat er Bestimmungsbücher für renommierte Verlage illustriert sowie eigene Buchprojekte realisiert. Seit Jahrzehnten arbeitet Christopher Schmidt als Illustrator für verschiedene Naturschutzorganisationen. Für seine Arbeiten hat er internationale Preise gewonnen.

»Das Ziel meiner Bilder ist es, den Vogel nicht nur so zu malen, wie ich ihn gesehen, sondern wie ich ihn erlebt habe.«

Weitere Informationen:
www.naturillustrationen.de

Anhang

Literatur

- Bauer, H.-G., Bezzel, E. & W. Fiedler (Hrsg.): **Kompendium der Vögel Mitteleuropas,** Bd. 2. AULA-Verlag 2. Aufl. 2002

- Berthold, P. & G. Mohr: **Vögel füttern – aber richtig.** Kosmos Verlag 2008

- Birmelin, I.: **Von wegen Spatzenhirn!** Kosmos Verlag 2012

- Bower, S.: **Fortpflanzungsaktivität, Habitatnutzung und Populationsstruktur eines Schwarms von Haussperlingen (Passer domesticus) im Hamburger Stadtgebiet.** Hamburger avifaun. Beitr. 30 (1999): 91-128

- Deckert, G.: **Der Feldsperling.** Neue Brehm-Bücherei 1973

- Deckert, G.: **Zur Ethologie und Ökologie des Haussperlings.** Beitr. Vogelkde. 15 (1969): 1-84

- Engler, B. & H.-G. Bauer: **Dokumentation eines starken Bestandsrückgangs beim Haussperling (Passer domesticus) in Deutschland auf Basis von Literaturangaben von 1850 – 2000.** Vogelwarte 41 (2002): 196-210

- Gattiker, E. & L. Gattiker: **Die Vögel im Volksglauben.** AULA-Verlag 1989

- Gerlach, B., Dröschmeister, R., Langgemach, T., Borkenhagen, K., Busch, M., Hauswirth, M., Heinicke, T., Kamp, J., Karthäuser, J., König, C., Markones, N., Prior, N., Trautmann, S., Wahl, J. & C. Sudfeldt: **Vögel in Deutschland – Übersichten zur Bestandssituation.** DDA, BfN, LAG VSW, Münster 2019

- Glutz von Blotzheim, Urs N. (Hrsg.): **Handbuch der Vögel Mitteleuropas,** Bd. 14-I (Sperlinge u. a.). AULA-Verlag 1997

- Görner, M. & P. Kneis (Hrsg.): **Tagungsband zum Haussperlingssymposium des NABU und der Deutschen Wildtier Stiftung.** Artenschutzreport, Sonderheft 14/2003

- Kleinod, B.: **Grüne Wände für Haus und Garten.** Attraktive Lebensräume mit Kletterpflanzen. pala-verlag 2014

- Lieckfeld, C.-P. & V. Straaß: **Mythos Vogel.** BLV 2002

- Mitschke, A.: **Wo sind all die Haussperlinge geblieben?** 25 Jahre Stadtkorridorkartierung in Hamburg. Hamburger avifaun. Beitr. 36 (2009): 147-196

- NABU Baden-Württemberg e. V. (Hrsg.): **Nistquartiere an Gebäuden.** Ein Ratgeber für Bauherren, Architekten und Handwerker bei Neubau, Umbau und Sanierung. Broschüre 2002

- NABU Bundesverband (Hrsg.): **Der Haussperling.** Vogel des Jahres 2002. Broschüre 2002

- NABU Bundesverband (Hrsg.): **Wohnen nach Maß.** Broschüre mit Bauanleitungen für Nisthilfen

- Opitz, H.: **Die Vögel des Jahres 1970 – 2013.** AULA 2014

- Overath, A. & H. Munzig: **Spatzenweisheit.** Verlag Herder 2001

- Richarz, K.: **Vögel in der Stadt.** In enger Nachbarschaft mit Mauerseglern, Spatzen, Falken und vielen anderen Vogelarten. pala-verlag 2015

- Richarz, K. & M. Hormann: **Einfach selber bauen.** Artgerechte Nist- und Futterhäuser für heimische Vögel. AULA-Verlag 2012

- Richarz, K. & M. Hormann: **Nisthilfen für Vögel und andere heimische Tiere.** Mit 80 Bauanleitungen auf CD-ROM. AULA-Verlag 2008

- Ryslavy, T., Bauer, H.-G., Gerlach, B., Hüppop, O., Stahmer, J., Südbeck, P. & C. Sudfeldt (2020): **Rote Liste der Brutvögel Deutschlands –** 6. Fassung, 30. September 2020. Ber. Vogelschutz 57, 13-112

- Senatsverwaltung für Stadtentwicklung Berlin: **Tiere als Nachbarn.** Artenschutz an Gebäuden. Broschüre 2000

- Summers-Smith, D.: **The House Sparrow.** Collins 1963

- Summers-Smith, D.: **The Sparrows.** A study of the genus Passer. T & AD Poyser 1988

- Vincent, K. E.: **Investigating the causes of the decline of the urban House Sparrow Passer domesticus population in Britain.** Dissertation, Universität Leicester 2005

- Westphal, U.: **Das große Buch der Gartenvögel.** Unsere Vögel im Garten erleben, fördern, schützen. pala-verlag 5. Aufl. 2022

- Westphal, U.: **Die wichtigsten Vogeltipps.** Audio-CD mit Begleitheft. Edition AMPLE 2012

- Westphal, U.: **Hecken – Lebensräume in Garten und Landschaft.** Ökologie • Artenvielfalt • Praxis. pala-verlag 3. Aufl. 2021

- Westphal, U.: **Vogelexkursion mit Uwe Westphal.** Audio-CD mit Begleitheft. Edition AMPLE 2007

- Westphal, U.: **Vogelstimmen in Wald und Hecke.** Vögel, Bäume Sträucher – entdecken und verstehen. pala-verlag 2022

- Witt, R.: **Der Naturgarten.** BLV 2001

- Witt, R.: **Natur für jeden Garten.** 10 Schritte zum Natur-Erlebnis-Garten. Verlag Naturgarten 2. Aufl. 2015 (erhältlich beim Autor, siehe Bezugsquelle Seite 186)

- Witt, R.: **Wildrosen und Wildsträucher für den Garten.** Kosmos Verlag 1998

Hilfreiche Adressen

Naturgarten e. V.
Verein für naturnahe Garten- und Landschaftsgestaltung
Reuterstraße 157
53113 Bonn
www.naturgarten.org
Informationen zum Naturgarten und zu Naturgarten-Fachbetrieben, Bezugsquellen für Wildstauden und Wildgehölze

Verein REWISA-Netzwerk
Fachbetriebe Naturnahes Grün
Tulpengasse 8 A
4400 Steyr
Österreich
www.rewisa.at
Informationen zum Naturgarten und zu Naturgarten-Fachbetrieben, Bezugsquellen für Wildstauden und Wildgehölze

Bioterra
Scheideggstrasse 73
8083 Zürich
Schweiz
www.bioterra.ch
Informationen zum Naturgarten und zu Naturgarten-Fachbetrieben, Bezugsquellen für Wildstauden und Wildgehölze

Deutsche Wildtier Stiftung
Christoph-Probst-Weg 4
20251 Hamburg
www.deutschewildtierstiftung.de

Naturschutzbund Deutschland (NABU) e. V.
Charitéstraße 3
10117 Berlin
www.nabu.de

Naturschutzbund Österreich
Museumsplatz 2
5020 Salzburg
Österreich
www.naturschutzbund.at

Pro Natura
Postfach
4018 Basel
Schweiz
www.pronatura.ch

Dr. Reinhard Witt
Buchshop für Naturgartenbücher des Autors Dr. Reinhard Witt
www.naturgartenplaner.de, www.reinhard-witt.de

Ausgewählte Bezugsquellen für Nisthilfen, Futterhäuser, Vogelfutter

Rosenlöcher GmbH & Co.
Spezialfuttermittel und Heimtiernahrung KG
Gewerbering 33
01809 Dohna
www.rosenloecher.de

Naturschutzbedarf Strobel
Fachhandel und -beratung Fa. Pröhl
Nitzschkaer Straße 29 / 1
04626 Schmölln, OT Kummer
www.naturschutzbedarf-strobel.de

Naturschutzprodukte der Deutschen Wildtier Stiftung
Christoph-Probst-Weg 4
20251 Hamburg
www.deutschewildtierstiftung.de

Hasselfeldt Nisthilfen und Artenschutzprodukte GmbH
Dorfstraße 10
24613 Aukrug
www.nistkasten-hasselfeldt.de

Trixie Heimtierbedarf GmbH & Co. KG
(auch Nistkästen und Futterhäuser für heimische Vögel)
Industriestraße 32
24963 Tarp
www.trixie.de

GEVO GmbH
Am Nüttermoorer Sieltief 41
26789 Leer
www.gevo-gmbh.info

ARIES Umweltprodukte GmbH & Co. KG
(Garten)
Stapeler Dorfstraße 23
27367 Horstedt OT Stapel
www.aries.de
(kein Versand)

Vitakraft pet care GmbH & Co. KG
Mahndorfer Heerstraße 9
28307 Bremen
www.vitakraft.de

Bioland Hof Jeebel OHG
Jeebel 17
29410 Salzwedel OT Jeebel
www.biogartenversand.de

Der Natur-Shop
Berliner Allee 22
30855 Langenhagen
www.der-natur-shop.de

Vivara-Naturschutzprodukte
Kaiserswerther Straße 115
40880 Ratingen
www.vivara.de

Manufactum GmbH
Hiberniastraße 5
45731 Waltrop
www.manufactum.de

Humanitas Buchversand GmbH
(Nistkästen, Futterhäuser, Vogelfutter)
Industriepark 3
56291 Wiebelsheim
www.humanitas-versand.de

Claus GmbH
Friedensau 11
67117 Limburgerhof
www.vogel-shop.de

Schwegler Vogel- & Naturschutzprodukte GmbH
Heinkelstraße 35
73614 Schorndorf
www.schwegler-natur.de

Rahmer Mühle GmbH & Co. KG
Marke »Vogelpick«
Horkheimer Straße 67 – 71
74081 Heilbronn
www.muehlenverkauf.de

Biokeller Garten & Gesundheit
Konradstraße 17
79100 Freiburg
www.biokeller.de

Waschbär GmbH
Wöhlerstraße 4
79108 Freiburg
www.waschbaer.de

Donath Wintervogelfutter GmbH & Co. KG
Zur Mühle 8
86473 Schönebach
www.donath-vogelfutter.de

LBV NaturShop
Eisvogelweg 1
91161 Hilpoltstein
www.lbv-shop.de

Weinhardt Artenschutz
Gauchsdorfer Hauptstraße 17
91186 Büchenbach
E-Mail: weinhardt-artenschutz@gmx.de

Häufig bieten auch verschiedene Lebenshilfewerke / Werkstätten für Menschen mit Handicap handgefertigte Nisthilfen für Spatzen und andere Tiere in guter Qualität und zu günstigen Preisen an.

Lebensräume schaffen für Vögel

Uwe Westphal:
Vogelstimmen in Wald und Hecke
ISBN: 978-3-89566-416-8

Uwe Westphal:
Das große Buch der Gartenvögel
ISBN: 978-3-89566-375-8

Sigrid Tinz:
Haufenweise Lebensräume
ISBN: 978-3-89566-389-5

Uwe Westphal:
Hecken – Lebensräume in Garten und Landschaft
ISBN: 978-3-89566-296-6

Andere Bücher aus dem pala-verlag

Brigitte Kleinod und Friedhelm Strickler:
Schön wild!
ISBN: 978-3-89566-367-3

Michael Altmoos:
Besonders: Schmetterlinge
ISBN: 978-3-89566-408-3

Brigitte Kleinod:
**Grüne Wände für
Haus und Garten**
ISBN: 978-3-89566-339-0

Ulrike Aufderheide:
Tiere pflanzen
ISBN: 978-3-89566-388-8

Gesamtverzeichnis bei:
pala-verlag, Am Molkenbrunnen 4, 64287 Darmstadt, www.pala-verlag.de

ISBN: 978-3-89566-353-6
© 2016: pala-verlag,
3. Auflage 2022
Am Molkenbrunnen 4, 64287 Darmstadt
www.pala-verlag.de

Alle Rechte vorbehalten

Umschlag- und Innenillustrationen: Christopher Schmidt
www.naturillustrationen.de

Illustrationen der Bauanleitungen (Seite 129, Seite 172 bis 179):
Konrad Algermissen

Lektorat und Gestaltung: Angelika Eckstein

Druck und Bindung: Beltz Grafische Betriebe GmbH, Bad Langensalza
www.beltz-grafische-betriebe.de
Printed in Germany